# 小空间种植

［德国］埃斯特·赫尔 著　祁文丽 杨亚玮 译

U0363273

译林出版社

# 目　录

# 互动性的园艺活动

　　这本关于园艺的书重在激发你的灵感！在这里你能发现很多独一无二的创意、实用的建议、有价值的烹饪方法和形象的图片以及手工说明。这些有助于你马上开始行动，去尝试新鲜事物。

# 种植什么才最适合你

　　这是一个很关键的问题！一般情况下人们家里没有多余的空间，而且时间压力也比较大，除此之外还涉及个人口味问题。到底种什么最好呢？接下来就是一个小测试，通过这个测试就会大致估算出你最适合种植什么果蔬了。一起来开始测试吧！

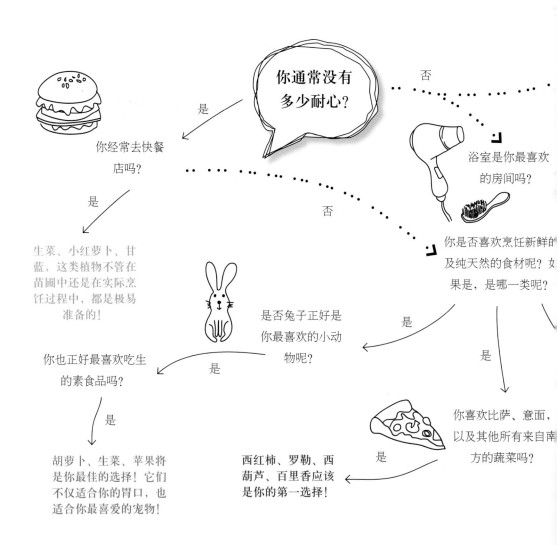

你通常没有多少耐心？

是　　否

你经常去快餐店吗？

浴室是你最喜欢的房间吗？

是

生菜、小红萝卜、甘蓝，这类植物不管在苗圃中还是在实际烹饪过程中，都是极易准备的！

你是否喜欢烹饪新鲜的及纯天然的食材呢？如果是，是哪一类呢？

否

是否兔子正好是你最喜欢的小动物呢？

是

你也正好最喜欢吃生的素食品吗？

是

是

是

胡萝卜、生菜、苹果将是你最佳的选择！它们不仅适合你的胃口，也适合你最喜爱的宠物！

西红柿、罗勒、西葫芦、百里香应该是你的第一选择！

是

你喜欢比萨、意面，以及其他所有来自南方的蔬菜吗？

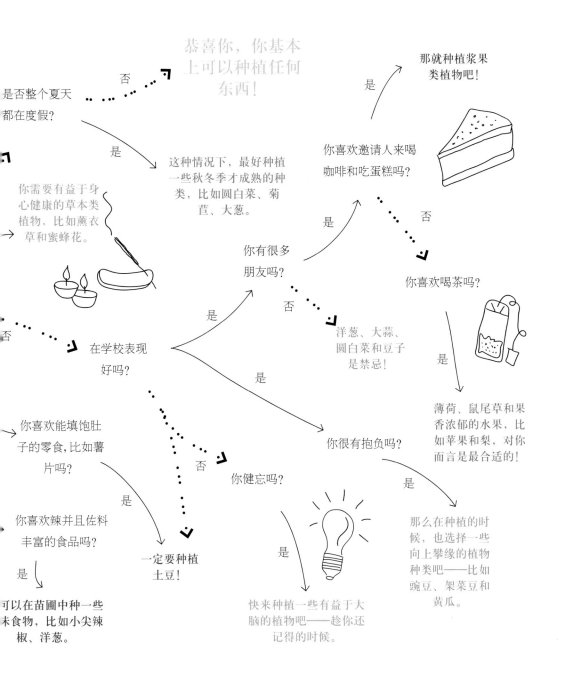

是否整个夏天都在度假?

否 → 恭喜你，你基本上可以种植任何东西！

是 → 这种情况下，最好种植一些秋冬季才成熟的种类，比如圆白菜、菊苣、大葱。

你需要有益于身心健康的草本类植物，比如薰衣草和蜜蜂花。

那就种植浆果类植物吧！

你喜欢邀请人来喝咖啡和吃蛋糕吗？

是 → 那就种植浆果类植物吧！

否 → 你喜欢喝茶吗？

是 → 薄荷、鼠尾草和果香浓郁的水果，比如苹果和梨，对你而言是最合适的！

你有很多朋友吗？

是

否 → 洋葱、大蒜、圆白菜和豆子是禁忌！

在学校表现好吗？

是

否

你很有抱负吗？

是 → 那么在种植的时候，也选择一些向上攀缘的植物种类吧——比如豌豆、架菜豆和黄瓜。

你健忘吗？

是 → 快来种植一些有益于大脑的植物吧——趁你还记得的时候。

你喜欢能填饱肚子的零食，比如薯片吗？

是

否 → 一定要种植土豆！

你喜欢辣并且佐料丰富的食品吗？

是 → 可以在苗圃中种一些辣食物，比如小尖辣椒、洋葱。

# 咔嚓咔嚓

**不能再简单**：播种、几周的等待、收割，就可以拥有新鲜的沙拉材料了！这些沙拉材料都包括哪些蔬菜呢？首先，这些蔬菜的叶子都是可食用的。超市中的"西洋沙拉"或者"沙拉切片"指的就是这类蔬菜。在这类蔬菜中还有其他几种能够给你带来真正的惊喜！具体是哪些我们下一页的图片再来揭晓。

**长叶莴苣类和皱叶莴苣类**：可以根据需求分次分量收割。对于长叶莴苣或者皱叶莴苣，在采摘时适宜从蔬菜的最外部起一片一片采摘，而在菜的中心部分始终有新的叶子在生长。对于这类生菜我们也可以先采摘那些已经长大了的叶子，或者整排来采摘，在这个过程中要避免伤到菜的中心部分。这样一来，就不需要把剩菜、剩饭放进冰箱了，完全可以有新鲜采摘的蔬菜供食用。还有一点，这种充满活力的植物在视觉上也绝对是点睛之笔。各种红色、绿色、尖的、圆的或锯齿状的叶子构成多种组合，在专门的商店也有售卖。

**结球莴苣类**：和前面提到的蔬菜种类不同，这种生菜当菜叶卷成圆球状，并且菜叶看起来足够多时，便要从根部一次性全部采摘下来。

**播种**：人们一年四季都可以种植生菜，播种时间不仅仅局限在冬天。或者也可以直接从苗圃买来专门的秧苗种植，这种方法也

备受很多人喜爱。在冬春、夏秋季节交替的时候，要用薄膜或者毛毡将蔬菜覆盖起来。为了防止青黄不接没有收成的情况出现，圆头生菜最好每两周种植一批，长叶类和皱叶类莴苣最好每四周种植一批。

**所需材料**：专用的毛毡；生菜是绿色的，所以要准备一些均匀的绿色毛毡（在手工商店可以找到）；小的细木棍。

**制作方法**：这种非常精致可爱的圆头生菜是用毛毡制成的，这种制作工艺不需要对原材料进行额外修饰，也就是说，制作方法非常简单，并且不耗费时间和精力。首先，将一个狭长的、约2厘米宽的绿色毛毡平铺开来，之后用针不断地刺毛毡的中心部分，这样毛毡会逐渐定型；同时，将这个狭长的毛毡有规律地缠绕，越到外围部分越要用力扎毛毡的上半部分，下半部分则只需要轻轻地扎就好；围绕细木棍慢慢地将毛毡卷成球状植物的样子。成形之后，可以充当胸针、耳钉或其他装饰品。

用毛毡制成的圆头生菜

# 在蔬菜叶的世界中前行

多种多样，丰富多彩！仅仅种植蔬菜沙拉中的蔬菜类型，就已经足够填满众多苗圃或者容器了，而且这种种植方式不管在饮食上还是视觉上都不会让人觉得枯燥。其中一部分原因在于，人们不再仅仅局限于食用一些传统的蔬菜，取而代之，在种植多种蔬菜类型的过程中还可以顺便摘些野生蔬菜，比如蒲公英或者芝麻菜，它们同样也可以丰富食谱。还有一种情况，人们在种植过程中可以采摘一些小的、鲜嫩的蔬菜叶来直接食用，而这些蔬菜平时一般都是煮熟之后才食用的，比如菠菜、牛皮菜，或者其他多种多样的亚洲甘蓝类蔬菜。

**将甘蓝类蔬菜当作沙拉蔬菜来种植：** 这时候，为了让这类蔬菜不完全长大，要种植得非常密集。这种种植方法对甜菜也适用，种植甜菜不再是为了它的根部果实，而仅仅是为了它露在地面的蔬菜叶。在商店里也可以买到由各种沙拉蔬菜的秧苗混合而成的秧苗拼盘或者秧苗捆，买来之后便可以直接种植。

**口味问题：** 你只需要都尝一下，然后看看最适合你口味的是哪一种。是带有坚果味的芝麻菜，还是芥末味有些辣的亚洲甘蓝，

叶用甜菜（牛皮菜）
菠菜
塌棵菜（塌菜）
豆瓣菜（水芥蓝/西洋菜）
京水菜（日本芫菁）
芝麻菜
甜菜根（根甜菜）
小松菜
水萝卜叶
马齿苋（长命菜）
东风菜

或者是口味比较适中的皱叶莴苣？土壤对蔬菜的香味也起着至关重要的作用，所有的沙拉类蔬菜都喜欢土质疏松一点，同时能够很好地储存水分的土壤。只有当湿度适中时，叶子才能够鲜嫩且味道温和不苦涩。同时要避免高温和太阳直晒，因为鲜嫩的叶子在这种情况下会迅速变蔫。

作起来很简单！用一把
刀或者小刀就可以按所
要的量来收割菜叶
——咔嚓咔嚓！要注意
是：这些蔬菜叶不能长
超过10厘米，否则味道
快会变苦。而且在割的
程中要小心，不要割到
菜的根部。

可以将鲜嫩的绿色蔬菜夹在面包里或者放进碗里享用。多色的蔬菜叶和可食用的花朵，比如一些玫瑰属、旱金莲属、堇菜属或者萱草属的花朵，会使一切看起来更加色彩斑斓。

所有的沙拉蔬菜都可以直接种在花盆或者苗圃里，最好是按序成排种植。当种子发芽后，如果秧苗看起来过于紧密（长叶类沙拉蔬菜则无所谓），依旧可以将一些秧苗拔出来，移栽到其他地方。

## 球状花序类生菜

这类蔬菜刚开始大多是圆形的：球状花序类的沙拉蔬菜只有在猛长之时，也就是说在繁茂之时，才会失去形状。

**罗马生菜**：可以通过它椭圆的形状来辨识。有一个品种是"椭圆红"，菜叶带红色，种植时种子要撒得密集一些，叶子要趁嫩小的时候收割。

**牛油生菜**：一种经典的生菜类型，有绿色的和紫色的两种。其中适合烹饪的是右侧皱叶类的，只需切一刀即可食用。

**冰山生菜**：和其他结球莴苣类的生菜一样，质地脆嫩。它的叶子会内卷成圆形的、紧密抱合的球状。

**菊苣**：5—8月都可种植，秋天的时候收割。这种蔬菜最典型的特点就是略带苦味。

**苦苣**：一种典型的越冬生菜。在不到6月底的时候进行播种。为了口感更加细腻，可以通过覆盖使它卷曲的叶子变得嫩白。

绿豆

红豆

DIY

# 让种子发芽

新鲜抽枝的嫩芽，自摘的水芹菜沙拉，黄油面包，这种搭配不止在冬天焕发活力。幼芽富含维生素，易于消化，而且很容易自制。在此过程中要用未经加工处理的豆类、谷类或者一些蔬菜类的种子。在小店里也能找到专门用来生幼芽的小包种子。

一、首先要有生豆芽的玻璃容器，一类种子一个。可以直接使用较大的果酱瓶或者玻璃杯，有密封大口的玻璃瓶更好。除此之外还需要纱布和橡皮筋。

二、将种子彻底清洗，放入容器中，加入水。一份量的种子加入三或四份量的水。在瓶口处盖上纱布，用皮筋固定绑好。

三、将容器放在暗处（或者直接盖上一块布），放8—12小时，将种子泡胀。

四、把水倒掉，冲洗一遍，然后把容器微微倾斜放置，好让里面不再有水。每天将种子快速浸泡2次。几天之后，幼芽就发好了。

窗前的绿色带：这是一个有创意的想法（由佩蒂·莫顿提出，经达万塔完善），通过水芹菜可以将这一想法变成现实。甚至都不需要土壤：可以将种子直接撒在棉絮上，然后用喷壶保持种子潮湿即可。

留出位置！尤其是长叶类沙拉蔬菜最适合快速二次种植。但是要注意蔬菜种类：不是所有的蔬菜都适宜于在每个季节种植。相关信息可以在种子的包装袋上找到。

## 种在板条箱里！或者种在购物袋里？

所有的沙拉蔬菜种类，尤其是长叶类，它们都有一个共同点：并不需要太多空间！理论上人们可以将它们种在家里能找到的所有容器里，比如购物时经常会用到的木质板条箱。如果箱子底部间隔不是很宽，孔不是很大，可以直接将土装在里面。要么可以在底部平铺一个剪开的塑料袋，戳几个孔，这样水才能流出来。将沙拉蔬菜种在购物袋里，则可以利用手提袋快速调整摆放位置，在底部也要记得戳孔！

想做就做！

## 假象　　　　　　　　　　　　　　　　　　真相

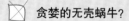

☒ **带壳蜗牛也喜欢沙拉蔬菜？**
不对。其实更准确的是：它们在吃鼻涕虫的卵。

**鼻涕虫喜欢沙拉蔬菜，还有草莓、西葫芦等。** ☑
当要和满篱笆的无壳蜗牛、蜗牛卵或者大堆的鼻涕虫打交道时，只有一句话能帮到你："嘿，别生气！"

☒ **贪婪的无壳蜗牛？**
所有的无壳蜗牛都会危害我们的蔬菜吗？并不是。但是西班牙蛞蝓确实是永不知足的。

**动物界的苦行僧。** ☑
蜗牛确实可以毫无损伤地爬过剃须刀片或者玻璃碎片。

☒ **毫无用处的鼻涕虫？**
不是的！它们能帮助分解枯死的植物或者动物的粪便，因此它们在改良土壤或者清洁道路上也起到了一定的作用。

**眼睛长在触角上。** ☑
是的。但是即便如此，蜗牛也不能看到很多。它主要依靠触角来闻和尝味道。

# 对西红柿的钟爱

**天堂般的享受！** 西红柿在有些地区被称为"乐园果"（在奥地利被称为"天堂果"）并非浪得虚名。表面看来作为一种放在比萨上，或者用来做西红柿酱底料的蔬菜来说，这个称谓似乎有点过高了。但是西红柿的作用不仅仅局限于此，不论是烹调还是生吃，不论是单独吃还是和其他食材搭配在一起，西红柿的味道都很好。即使是在菜的配料很多的情况下，西红柿的作用仍不容忽视。我们立马能辨识出食材里有西红柿，一方面归功于它独特的香气；另一方面是因为它的果肉是红色的，易于识别。西红柿也有黄色和橙色的，口感上有细微的差别，这需要自己种植或者尝过不同的品种后才能知道。西红柿有很多不同的种类。是不是有点不知所措了？是的，但更会因此而爱上西红柿。

**西红柿的种类很多，可以按照果实形状来区分。** 小西红柿、樱桃西红柿、鸡尾酒西红柿，这些品种可以摘下来直接食用或者整颗进行加工。与其相反的是果实饱满的果肉型西红柿，这种类型的西红柿没有很多籽，果肉更饱满，因此很适合做沙拉或者做馅。罗马西红柿可以从它圆形或椭圆形的外观上辨识出来。还有一种直立型西红柿，外形较长，且没有很多汁。

**灌木状还是整枝式？** 第二种区分方式就是按照西红柿的根茎形状来区分。整枝式的西红柿一般有一个主枝干，可以用一个支架来固定，搭架种植。灌木状和簇状的西红柿枝干更低一些，分枝也更多。

**刚开始总是容易的！** 想要种植西红柿的入门者可以在 5 月的时候去园圃或园艺中心看看，找到不同的西红柿种类，买回家以后只需要把它们移栽到一个更大的花盆里就可以了。如果买的是种子，想要自己育苗的话，则要早点儿行动，差不多 2 月中旬就要播种，刚开始要将花盆放在窗台上，等到 5 月底，冰神节过去之后，才能将西红柿放到室外。如果决定自己播种的话，会耗费更多的精力，但另一方面也有一定好处：老品种或一些特殊品种的西红柿，一般不会有培育好的幼苗出售，但是它们的种子却是容易买到的。

**好，较好，最好？** 经常听到有人说，传统品种的西红柿吃起来味道好，但是现在也有很多新培育的有独特香味的品种。除此之外，人们也非常看重西红柿品种对凋萎病的抵抗力（比如"维特拉"品种、"菲乐维塔"品种）。但西红柿专家也指出，传统品种的西红柿并不是天生就对凋萎病没有抵抗力。

传统品种的西红柿不仅种类很多，口感丰富，而且可以采用原种育种。也就是说，从果实中获取种子，来年种下，就会得到相同类型的西红柿。

# 如何培育一株西红柿

看，它已经发芽了！这株幼嫩的植物长在一个培育花盆里，这个花盆已经有点腐朽了。

首先要有西红柿种子，2月中旬时将培育土壤放进小花盆或者花盘里，然后将种子埋在土壤里。

快看，第一次开花！花朵是黄色的，这样蜜蜂就能找到它们了。

再过段时间就要给它换大一点的容器，放入新鲜的土壤。如果它之前已经是在一个独立的花盆里了，那么就可以把它移栽到一个更大一点的桶里。

用不了多久，花朵慢慢变成果实。果实最开始是绿色，然后变红，或者变黄、变紫……

西红柿首先需要富含钾的肥料，像这种生物药剂，或者混合型肥料。

## 西红柿比萨

**所需材料（四人份的量）**：400 克面粉、1 茶匙盐、1/2 块酵母、3 汤匙橄榄油、2 块马苏里拉奶酪、1 束罗勒叶、400 克樱桃西红柿、盐、胡椒粉。

**制作方法**：将面粉和盐混合，放入一个大碗里，在面粉中间压出一个半圆，在半圆里浇入 200 毫升温水，然后放入酵母，使之溶化。加入油，快速将面粉揉成一个光滑的面团。之后将面团盖住放在一个温热的地方醒 1 小时。烤箱加热到 220℃，马苏里拉奶酪切片，罗勒叶切成丝。将面团再次揉透，分成两半。然后将 2 份面团依次擀薄，分别放在带烤箱纸的金属板上，覆盖上马苏里拉奶酪、西红柿和罗勒叶，撒上盐和胡椒粉，再淋少许橄榄油。最后放入烤箱中烤大约 20 分钟即可。

比萨和芝麻菜配在一起也很好吃！

### 点击一下！

这么多的西红柿种类，我们可能很快就茫然了！但是对于西红柿，永远不会出什么大问题：对于感兴趣的西红柿类型，要做的就是去尝试！种子既可以在网上买到，比如，www.tolletomaten.de、www.irinas-to-maten.de、www.lilatomate.de，也可以在曼弗雷德·哈姆·哈特曼那里买。

西红柿的铁人三项：种子在成长过程中要经过：放种子的小袋子，刚开始培育时四角的盒子，最后到真正的花盆。当美味的果实出现之后，便又有了第四个项目：口味大比拼……

**DIY**

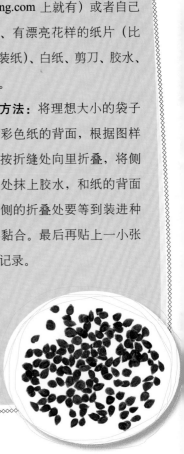

**所需材料：** 在网上找到袋子图样（比如在 justsomethingimade.com、maggiewang.com 上就有）或者自己设计图样、有漂亮花样的纸片（比如礼品包装纸）、白纸、剪刀、胶水、笔、直尺。

**制作方法：** 将理想大小的袋子图样画在彩色纸的背面，根据图样剪裁后，按折缝处向里折叠，将侧面的折叠处抹上胶水，和纸的背面贴合。上侧的折叠处要等到装进种子以后再黏合。最后再贴上一小张白纸用来记录。

多彩的种子袋

西红柿结束在袋子里的生活后，牛奶盒或果汁盒因它们的防水性绝佳，成了最适合初期培育西红柿秧苗的容器。将这类四角的盒子冲洗干净后，用刀割掉上面的三分之一，然后将种子和土壤放进去，种子袋这时候就可以当作标签来使用了。

我的阳台虽然不大，但却可以放这么多东西！

## 阳台蔬菜园

**没有花园？**可能你会在意西红柿是不是应该种在花园里，但是西红柿并不在意这些，这对西红柿没有多大影响。尤其是当你的阳台或者铺着石块的那一小块地方经常沐浴阳光时，西红柿就更加不在乎是不是在花园里，因为有阳光就有芳香！

**当西红柿长成植株时**就要用深一点（大约15厘米）的栽花的木槽了，或者也可以用大一点的桶（直径20—30厘米）作为容器。建议：容器是要能移动的，这样下雨的时候可以推到屋檐下，以免植物得上凋萎病。

**专门适合阳台种植的西红柿**长得比较浓密，似灌木状，在吊盆里种植比种在地上更节约空间。搭架种植的整枝式西红柿都是垂直的，只需要将主枝干经常用木棍固定好。

关于西红柿
有多种多样
的做法……

### 西红柿干

用烤箱是最快的方法。将烤箱（上下管温度）预热到95℃，西红柿分成两半（大一点的最少分成4份），切面向上，放在烤箱纸上，加入少许盐和调味品（比如百里香、迷迭香、蒜），放入烤箱中烘干5小时，然后放入橄榄油中保存。

### 西红柿调味汁

它很耐放，并且可以做西红柿酱的替代品：350克西红柿切碎，2瓣蒜，200克洋葱，2个辣椒也切碎加入西红柿中调味。200毫升的醋和200克的食用胶糖（2：1）混合，将调好味的西红柿加入其中煮大约15分钟，然后装进罐头瓶里即可。

### 绿西红柿

在美国很流行。但实际上，西红柿绿色的部分是有毒的，它含有茄碱。不论是因为西红柿尚未成熟还是它本来就是绿色的品种，比如上面插图显示的"绿斑马"西红柿，茄碱能否通过加热而分解，还是存在争议的。

### 西红柿沙拉

西红柿生吃和煮熟后味道一样好。最经典的是加了罗勒叶的西红柿马苏里拉奶酪沙拉（也就是卡普里沙拉），调味汁由橄榄油和香脂醋组成。

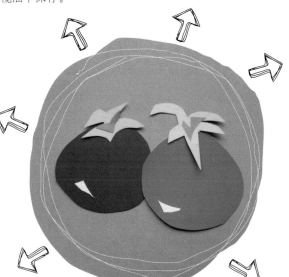

### 收集西红柿种子

并不是对所有品种的西红柿都有必要收集种子。很多现代的品种都是所谓的F1代种子，这类种子大多是通过杂交培育的。从F1代种子培育的植物上再获取的种子，长出来之后会完全不同。一些传统品种则可以原种育种，将果肉里的颗粒放入筛子中，把果肉筛掉，放在厨房用的绉纱上小心晾干，然后放入袋子中保存即可。

### 用图片说话

谁要是收集种子的话，应该会喜欢这样的标签：用拍立得给已经成熟的果实照个相，制作成标签，这样以后就会知道由这个种子培育出来的会是什么，而且照片白色边缘部分还可以写字。

### 德语中西红柿相关的俗语

"眼睛上有西红柿"，表示由于大意而忽视了什么。"无信义的西红柿"，可以用来表示熟人或者朋友不可靠。

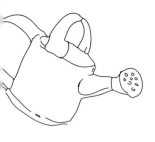

　　西红柿种在花盆里还是种在装满泥土的袋子里？为什么不将两者结合一下呢？将装泥土的袋子平放，在上面画十字割开，将西红柿带花盆放到袋子割开的地方，这样装满泥土的袋子充当了培养基，植物就拥有了更多的土壤。更重要的是：要将西红柿放在有阳光、温暖、防风的地方，同时养料和水分要充足。

就是这样！

　　在浇水时要注意：不能沾湿叶子。对于整枝式的西红柿通常要掐掉偏枝（见右侧插图），这样果实才能长大——可以称为侧枝疏除，而且也可以集中养分，减少不必要的养分消耗。

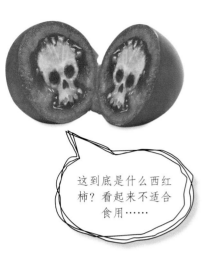

这到底是什么西红柿？看起来不适合食用……

➡ **现在开始吧！** 冰神节之后到 5 月中旬的时候，西红柿才可以搬到室外，因为从这时起晚上才会变得足够暖和。将西红柿移栽到土壤里时，需要在每个坑里放一把混合肥料或者掺入专门的西红柿养殖肥料（要注意使用说明），这样的施肥在整个夏天可以重复 2—3 次。植物间距要在 40 — 60 厘米，这取决于要种植整枝式还是灌木状西红柿。

**依然足够有趣吗？** 人们也许会扪心自问，尤其是当西红柿变褐和干枯的时候。西红柿变褐和干枯的主要原因是凋萎病和褐腐病，这是一种霉菌病，预防的方法是：将西红柿放在屋檐下，保持干燥。在浇水过程中也要注意，不要沾湿叶子。对此有一个诀窍：在西红柿旁边埋入一个小花盆（见第 76 页），浇水的时候将水倒到花盆里就好。这样，你就可以从 7 月直至霜冻都能大丰收了。

## 在城市里进行园圃活动

现在几乎所有人都会这么做：在阳台上、庭院里或者门前摆上几个箱子或者花盆，然后开始行动！

**这也称为"城市园艺化"**，主要指水果和蔬菜的种植。如果在地点选择和容器使用上足够有创意和想象力的话，"城市园艺化"就能够实现。每一块地方都是可以利用的！在铺石子的地方，高高的苗床比小花盆更加适合种植；在阳台上拉一根绳索，这样可以放下更多的蔬菜吊篮。除此之外也有现成的设备，人们可以堆叠或根据需要扩展，或者将设备安装在墙上或护栏上（见第112页）。

**让一切变绿色！**因为我们想让城市真正绿化，所以变成了"游击园丁"——出门前，总会将自制的"种子炸弹"放在包里，然后将它撒落在没有植被覆盖的荒芜地区。我已经将几朵针织的花挂在了金属丝网的篱笆上。

这个不再是购物车，蔬菜也不用跋山涉水送过来，可以边吃边采摘，共同致力于城市农业，绿色又环保。

球茎甘蓝不一定要放进锅里，将这个球茎植物雕刻成一朵玫瑰作为桌面装饰物如何呢？当然这需要一些练习……

# 坚定斗志

**甘蓝卷心菜，绝对美味！** 你并不这么觉得？这可能和它结实的外观有关，也可能是因为人们经常将它和甘蓝汤、酸泡菜以及其他一些营养价值不高的食物联系在一起。不过现在，它已经发展成了真正意义上的美食。除此之外，即使人们不喜爱食用，它也能为花园的视觉效果贡献出一己之力。甘蓝有很多面孔——块茎状的、球茎状的、大块状的以及皱叶的等，以至于人们第一眼甚至无法认出它的同族。详情可以参考随后的几页。

**如此健康！** 甘蓝确实是有营养的，比如它所含的芥子油有助于我们的免疫系统保持在最佳状态。甘蓝还含有大量维生素C（尤其是绿花菜和抱子甘蓝），更准确地说是预含有，因为煮过之后它们才能转化成真正的维生素。除此之外，甘蓝还富含植物纤维，虽然对我们有益处，但并不全都是好处，它也会引起胀气。有的种类植物纤维含量高，有的植物纤维含量少——圆锥卷心菜、花椰菜和绿花菜中含量较少。另外，甘蓝食物里的香芹籽有助于消化。

**饿了？甘蓝的丰收。** 结球甘蓝[①]、球茎甘蓝和绿花菜从3月起就可以在室内播种和育苗了，4月中旬才能移到室外。如果天气变冷了，可以用毛毡将它们盖住。其他种类

---

① 原文：„ Kohldampf "bekommen? 字面意思表示饿了，和下文无直接关系，联系上下文加了一句"甘蓝的丰收"。——译注

有的要等到5月（到6月底）才能种进苗圃。球茎甘蓝只需大概2个月便进入收获期，因此，直到9月初都可以种植球茎甘蓝，在霜冻前它便能成熟。

美味！

## 卷心菜叶包肉卷

**所需材料：** 8大片（外侧）甘蓝叶（比如莲花白、皱叶甘蓝、圆锥卷心菜、大白菜或者是紫叶甘蓝的菜叶）、500克绞肉、4根葱、1瓣蒜、3汤匙西红柿酱、盐、胡椒粉、150毫升鸡汤。

**制作方法：** 将菜叶在加了盐的沸水中煮2分钟，捞出来后立即放到冰水中浸冷。葱洗干净后切圈，蒜去皮后剁碎。将绞肉稍微煎一下，加入葱、蒜和西红柿酱，入味一会儿。在馅料里加入盐和胡椒粉调味。

在每一片菜叶上放上一整汤匙的馅料，先将叶子从两侧卷起，然后绕成团，用细绳绑好或者用牙签固定。接缝处朝下，稍微煎一会儿，然后加入鸡汤，煮大约40分钟。

**莲花白**平整光滑的绿色菜叶卷成紧密的球形。不止在秋季的餐桌上可以见到，5、6月也是收获季。品种推荐："微型F1代"（结球很小，不占地方，适宜小空间种植）、"多腾菲儿农场长效"（可以一直储存到来年1月）。

**羽衣甘蓝**最好种在花坛里，因为羽衣甘蓝到霜冻后才能收割，那时候它尝起来味道会更好，而且种在花坛里不会占用早熟蔬菜的生长空间。它漂亮的叶子能起到真正的装饰作用。品种推荐：："红博尔"（红紫色）、"内罗托斯卡纳"（青绿色）。

**圆锥卷心菜**是卷心菜的一种，它圆锥形的结球很容易辨认。收获季是5—12月。圆锥甘蓝并不像它的同族那样容易引发胀气。品种："合恩角"（成熟早）、"卡利波斯"（见插图，红色叶子的新品种，7月就进入收获季）。

看，这长的
是什么！

图片

**皱叶甘蓝**叶子是褶皱的。春天皱叶甘蓝味道柔和，秋天之后味道会变得浓烈，有一点刺激性。适宜在花园生长。品种推荐："铁球"（适合早期种植）、"威露莎 F1 代"（适合晚期种植）。

**红球甘蓝**也叫紫叶甘蓝，主要在秋季和冬季栽培。略带甘甜的香气是它的独特之处。品种推荐："积分 F1 代"（新品种，占用空间小，6 月底便成熟）。

**抱子甘蓝**看起来像一棵棕榈树，长长的枝干上密集地长满了较小的结球块茎，顶部是一簇叶子。抱子甘蓝 5 月种植，深秋才会成熟。品种推荐："伊戈尔 F1 代"（产量高）、"红球"（红色品种）、"小花束"（淡紫色品种）。

**花椰菜**让人们感兴趣的既不是它的菜叶也不是它的任何一个块茎，而是它的花朵——尝起来味道很好，这些花朵会长成白色，或紫色、黄色、绿色的花球。品种推荐："尖塔"（见插图，绿色的罗马花椰菜和它金字塔状的花序）、"阿德兰托"（微型品种）。

**绿花菜**用途多样。当然，最主要的是它青紫色的甘蓝芽，同时，它的茎秆也味道鲜美。而且有的品种可以收割多次。品种推荐："马拉松 F1 代"（产量高）、"桑蒂 F1 代"（紫色，味道柔和）。

**球茎甘蓝**对蔬菜园艺入门者来说是最合适的了，因为种它会有收获。它的块茎长在地表之上，有蓝色和绿色两个品种。4 月起就可以种植秧苗了，但是秧苗不能埋太深！品种推荐："布拉露"（蓝色的，在 4 月播种或者栽培秧苗）、"兰露"（绿色的，常年都可种植）。

## 一个至关重要的问题

**是什么在那爬来爬去**？在甘蓝结球上发现了一条绿得发亮的或者带毛的虫子？嗯，几条贪吃的毛毛虫已经发现这里有好吃的东西了。白粉蝶不论大小，都特别喜欢一点一点地啃食甘蓝菜菜叶，或者直接钻到甘蓝结球里。

**应对方法**：最好是种植之后马上在蔬菜秧苗上罩一个细网眼的网，直到收割。这个所谓的"甘蓝保护网"可以防止草种蝇在菜叶上产卵。最好在每一棵秧苗上都罩上这样的一个网！

解决方法

问题

嗯，这些菜叶真好吃，明天我还要再去皱叶甘蓝那……

离开苗床——为了预防疾病，甘蓝的秆茎也要随甘蓝一起全部拔下来！

小青菜而非棕榈科植物——将小青菜作为盆栽植物栽培也容易成活。将种子种在一个漂亮的小花坛里，放在阳台或窗台上，7周之后，这颗种子就会长成一棵成熟的小青菜。如果谁想尝尝味道的话，可以将它吃了；如果不想吃，也可以让它继续生长，看看会变成什么样……

## 怎样才能收获甘蓝呢?

一、最开始是播种——这对甘蓝当然也适用。首先,决定了想要的品种之后,就要开始工作了。由泥炭土为原料制成的小花盆非常实用,干燥情况下它看起来很像装药片的塑料板,所以先要浇点水才能使用。在每一个小花盆里压入两到三颗种子,最后只留下长势最好的,然后将花盆连同秧苗一起移栽到苗床里。

二、如果想要省去上述这些步骤,或窗台上没有太多空间,又或是只需要少量植物的话,可以直接在园艺师那里或者园艺中心购买已经培育好的秧苗。

三、几乎所有的甘蓝类品种——也有例外,比如球茎甘蓝——都比较费肥料,需要很多营养物质。因此,在种植的时候,就需要在泥土中加入混合肥料和角屑肥料。在结球之前和刚刚结球成形的时候,还要再补给液体的蔬菜肥料。

四、结球甘蓝、抱子甘蓝、羽衣甘蓝和绿花菜种植间距要保持在 40 厘米,球茎甘蓝所需空间则比较少。大约 3 周之后,要给结球甘蓝培土,也就是说,将土壅向植株。培土有益于形成优良的根系。注意:甘蓝不要接连两年都种在同一个苗床里!

看，就是这样！

播种
一切始于播种。大多数蔬菜和草本植物都是一年生的。也就是说，园艺的乐趣每年都可以从头再来。

室内育苗：这样做的目的在于，当植物5月可以在室外生长的时候，它已经有了先决优势。否则像西红柿和辣椒这种结果比较慢的蔬菜，要等到很晚才能收获第一批果实。因此它们育苗也比较早，2月中旬就可以开始。与此相反的是一些生长较快的蔬菜，比如南瓜和西葫芦，这类蔬菜在4月播种育苗就足够了。播种需要泥土和容器，泥土是普通泥土，也就是营养含量低的种植土。比较大的种子，比如南瓜种子或者西葫芦种子，在一个花盆里种植一个；比较小的种子可以撒在花盘里，当出现第二株双叶秧苗时，就要将它们分离（疏苗移植）。在不伤到秧苗的情况下小心地将它取出（可以用手指、铅笔或者尖头短木棍），然后单个栽在小花盆里。另外，还有一些比较重要的辅助工具，比如泥土筛子、标签，当然还有已经经过检验的种子[1]。

室外播种：胡萝卜、豌豆、菜豆或者小洋萝卜通常可以直接种进苗床。这同样也适用于结球生菜、菠菜、牛皮菜和羽衣甘蓝。一方面原因在于，这类蔬菜不喜欢移植；另

---

① 原文：—und natürlich Saatgut! Saatgut表示种子，但是和前文的Samen并不能很好地区分，直接译成种子会引起理解上的混乱，关于Saatgut还有这样的解释："Das im Handel befindliche Saatgut wird an Samenkontrollstationen eine Pruefung auf Wassergehalt, Reinheit, Keimfaehigkeit…unterworfen." 因此在此处译为"经过检验的种子"，和前文进行区分。——译注

一方面，它们生长很快，提前培育并无必要。苗床里的土要足够疏松，可以用锄头或手划出一条凹槽，将种子放到里面，接着用泥土轻轻盖上，小心地浇上水。而对于需要有光照才能发芽的植物，比如胡萝卜、芹菜或者结球生菜，不要用土将它们的种子盖起来。如果秧苗后期生长得太密，就要拔掉一些，进行疏苗处理。

1. 首先将容器的三分之二装上土，用手弄平整。实用的建议：可以将泥土装在一个大桶里，然后将小花盆放在桶里装土，这样在装的过程中就不会有泥土，或者只会有少量泥土洒在外面。

2. 不同的品种都要分开，而且在花盆里要成列栽植，种子之间要有一定间距。在单独的花盆里可以放入3—5粒种子，后期可以将长势最弱的拔掉。

3. 泥土可以用一个筛子细细地撒在种子上，或者也可以用指头搓着撒在上面。

4. 标签是必不可少的，这样日后才能知道花盆里到底种的是什么。

5. 通过浇水（浇水工具的喷嘴孔一定要细）种子就和泥土可以更好地结合，种子也获取了发芽所必需的水分。

6. 另外，花盘可以用塑料薄膜覆盖，由此增加的湿度有利于种子更快发芽。后期秧苗也要进行疏苗处理。

7. 众多单独的小花盆可以放在一个温室里。一个绝佳的选择就是半透明的塑料箱子。为了增强植物抵抗力，可以在3、4月温暖的日子里将它们白天一直都放在室外。

8. 如果是直接栽在苗床里，可以用较粗的线划出一条犁沟，把种子放进去，再用土盖住，浇上水——完成！

把土豆种进去！具体来说就是：划出一条凹槽，将土豆种薯按大约一脚长的间距放置在凹槽里，然后再用土盖住即可。

# 并不美观的土豆

这一篇的重点是什么？当然是土豆！土豆是需要从土里挖出来的，大多数为黄褐色，圆形或者椭圆形的块茎。下面列出的部分品种也向我们展示了土豆可以看起来完全不同。而且这种不同不仅体现在外观上，它的口感和密度也会随之变化。

**薯条、土豆煎饼、土豆泥**——是不是已经大有食欲了？用土豆做的美食远远不止这些。虽然土豆不能生吃，但是没有其他任何蔬菜可以像土豆一样，不论煮、炸还是烤，都有不可思议的多样的做法。还有一个好消息：自己种土豆，是每个人都可以完成的。自己尝试一下，即使你没有收获最多最大的土豆[①]，也是会很开心的！

**面的还是脆的？** 选择土豆时就会面临这样的问题。面和脆可以用来形容已经提到过的土豆的密度。面一点的土豆可以用来做土豆泥、土豆汤、土豆球和油炸土豆丸子。脆一点的可以用来做焦皮土豆、沙拉、带皮熟土豆和煎土豆。几乎可以用于所有的烹饪方式的，是介于面和脆之间的土豆，这种土豆是全能型的。除此之外也有早熟种土豆和晚熟种土豆的区别，这种区别取决于它的种植时间和收获时间。

---

① 德国谚语。——译注

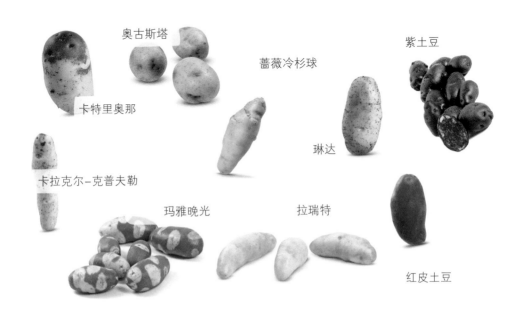

奥古斯塔

紫土豆

蔷薇冷杉球

卡特里奥那

琳达

卡拉克尔–克普夫勒

玛雅晚光

拉瑞特

红皮土豆

关于土豆

总是创意无限

品种，在叶子绿的时候就已经可以挖出来了。这类品种可以在种植后 3 个月的时候，找东西在土豆表面钻着试试，看看土豆皮是否已经紧实了。

大量维生素和矿物质元素也蕴含在含淀粉的土豆中。注意，就像已经提到过的：土豆必须要煮软或烤过后才可享用。还有至关重要的一点：土豆上绿色的部分（通过光产生的）一定要切掉，因为这部分含有有毒的茄碱！

**所需材料**：土豆、饼干模子、刀、画笔、颜料（比如矿物颜料）、厨房纸。

**制作方法**：通过盖印章，可以有创意地美化 T 恤、家具和纸张。首先将土豆对半切，把饼干模子压进去，将周围多余的部分用刀割去。然后用厨房纸轻轻擦干土豆的汁，用画笔涂上少许颜料。盖章（在给衣服盖章时，给衣服底下垫上纸板），晾干即可。

土豆印章

成熟的土豆从 6 月中旬起就有了，最晚的要在八九月的时候从苗床里挖出来。到底什么时候土豆才算成熟了呢，可以根据地表的植株来鉴别：当地表枝叶变成黄褐色并且开始脱落的时候，就可以挖土豆了。早熟的

制作加凝乳的带皮熟土豆，可以选择（半）脆的土豆种类，用水蒸或者炖。一些特别新鲜的早熟品种，可以带皮食用。用烤箱自制的薯片也比购买的健康多了！

适宜于储存的土豆主要是中期或者晚熟品种。将土豆装进通风的箱子或者篮子里，放在暗处，温度保持在5—7℃。

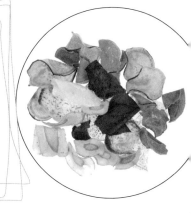

日光下这是什么呢？一个块茎可以衍生出很多土豆。它的植株也是开花的：大多是白色，也有淡紫色的，就像前文图片中出现的"卡拉克尔-克鲁夫勒"品种。

这个甲虫看起来挺漂亮，但是要注意：它特别喜欢吃土豆的叶子，带薄荷的护根有益于改善这种情况。

## 土豆园艺者的"1+1"模式

首先将种薯放在木箱或者纸板盒子里进行3周的催芽。

找一个大一点的容器，防风雨的大袋子值得推荐（比如Made in Design牌子的袋子）。

在容器里装入富含养分的土壤（20厘米深），把土豆种薯放进去，盖上土。

不断添上新土壤。最后就可以为收了众多土豆感到开心了。

如何自己种植土豆呢？首先要有土豆种子。由于种薯具有较高的发芽能力，因此可以被当作种子，通过它可以生长出很多新的土豆。

**什么时候开始行动？** 早熟的品种可以在 4 月中上旬种植，晚熟的品种在 5 月中上旬种植。如果想缩短培育时间，可以将种薯先进行催芽：将土豆块茎在种植前 3 周放到比较浅的木箱或纸盒里（最好是一个紧挨着一个），然后将木箱或纸盒放置在大约 15℃凉爽明亮的环境中。不久就会长出强劲的绿色的嫩芽（催芽成功），如果催芽环境太温暖则会长出细细的白色的嫩芽。

**在苗床里**将土豆以大约一脚长的间距摆放，行距要达到 40 厘米。土豆对土壤没有特别的要求，土壤越疏松，收获越丰硕。当土豆嫩枝长到 15—20 厘米时，用锄头培上松软的土壤，壅高，将枝干盖住，只露出枝干的顶端。壅土有利于块茎的生长，能够防止它因为光的作用而变绿。这一步骤要重复大约 3 次。早熟品种大约 3 个月就能丰收，晚熟品种大约需要 4 个月。

**在上部比下部略大的圆桶里**、旧的木桶里、大的塑料袋或麻袋里种植，会更加简单！首先装入 20 厘米深的土壤。在（直径 50 厘米的）容器里呈三角形放入 3 个土豆块茎。如果在袋子里种植可以通过将它的边缘卷上或卷下而使壅土容易些。

这个看起来是不是也像是不能食用的土豆呢？不，它是甘薯！它尝起来味道不同，在我们这里（德国）很难成熟，由于叶子漂亮经常被当作观赏植物。

# 感觉好极了

**心情不好？** 累，疲惫无力，对什么都没有兴趣且无法集中注意力？听起来已经有足够多的理由去培养一个新的爱好了——比如园艺！翻动泥土，呵护自己的植物，收获美好的食物……让心情完全变好的可能正在于此。即使再小的一块地方，也能通过种植草本植物、蔬菜或水果变成让自己能够感到幸福的殿堂。除此之外，园艺劳动也能促进血液循环，这样就可以不用去健身房了。因此，开始园艺劳动，不对，开始园艺享受吧！

**红色的一切！** 通常大家会默认为植物都是绿色的。但有一些特定的呈色物质，比如花青素，通过它们，叶子、枝干或果实就会有红色、蓝色或紫色的着色。花青素可以看作对抗自由基的杀手，它能够保护我们的细胞。这个所谓的植物二级代谢产物（花青素）在深红色、蓝色或紫色的水果中，它的含量最为集中。这个不成问题：蓝莓、黑莓，还有黑茶藨子因此首先来到了果园里；在蔬菜苗圃里则生长着红甜菜根和紫叶甘蓝。另外，黑色的樱桃也是非常健康的——还好有矮种的和柱状的黑樱桃树（见第60页），它们可以在小花园里或者当作盆栽植物种植。

**坚硬的坚果！** 必须敲开坚果才能得到它珍贵的核心部分。这是值得的，因为它富含健康的脂肪酸和大量的维生素。我们本土[①]的坚果树种——榛子、核桃、山毛榉（槲树果实）——种植范围也得到了扩展。核桃树也有专门的小株的改良品种。巴旦杏果实丰富，在特定地区，包括我们这儿，也是一种真正的观赏性植物。而一些外来品种通常是桶养植物：薄壳山核桃和夏威夷果在夏天可以放在室外，但是腰果全年都需要温暖的环境。

---

① 指德国。——译注

"每天一个苹果……"用心形装饰苹果的话，它吃起来味道会更好。很简单，在苹果还绿的时候在它上面贴上一个心形的标签就好——但是只有在会变红的品种上才会成功！

# 永葆青春

这些并不常见的植物是真正的青春源泉——比如它们能增加活力，增强身体的免疫力。

**黄细心**（回春草药）不耐冻。叶子可以用来泡茶或者做汤料。

**诺丽**这种桶养植物（生存环境温度永远不能低于15℃）的果实可以加工成果汁，叶子可以煮茶。

**积雪草**这种悬垂植物生长在潮湿的背阴处。每天2片叶子（生吃或者泡水）就可以有安神的效果。当然，越冬也需要温暖的环境。

**绞股蓝**（"长生不老草"）耐得住零下几摄氏度的温度。这种攀缘植物的新鲜嫩叶可以用来煮茶。

**枸杞**经得起恶劣的环境，它能抵抗 -25℃的低温。这种攀缘植物能长到几米高。果实可以用来做果汁或者新鲜的水果沙拉。

**苹果浆果**（野樱莓）是一种耐寒的灌木植物，有漂亮的红黄着色，这种富含维生素的果子，人们通常在蒸煮后享用。

## 野樱莓汁

用水稀释后，或者搭配甜点，味道很棒！

**所需材料：**750 克野樱莓、200 克白冰糖、200 克糖、2 个瓶子。

**制作方法：**浆果洗净，把坏的剔去，将果子从秆上捋下来。在锅里加入 250 毫升水，放入浆果，盖上锅盖煮大约 10 分钟，将果实煮软。然后用铺了布的筛子过滤。加入冰糖和糖重新煮开。糖溶化后，将浓果汁趁热装入（约 350 毫升的）瓶子里。瓶子密封好冷却。不打开的情况下，果汁可以在冰箱或暗的储藏室保存大约 1 年。

## 假象

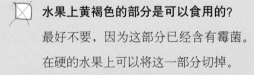

☒ **菠菜含有很多铁？**

并不是！这个错误的认知来源于专家的一个错误计算。

☒ **水果上黄褐色的部分是可以食用的？**

最好不要，因为这部分已经含有霉菌。在硬的水果上可以将这一部分切掉。

☒ **酸可以使人感到快乐？**

也许并不是：当这个说法产生的时候，它更准确地指的是酸可以使人对更多食物产生兴趣——吃得更多！

## 真相

☑ **胡萝卜对视力有好处？**

确实是真的！胡萝卜中含有大量的维生素 A，维生素 A 对视网膜很重要。

☑ **苹果核有毒？**

一定程度上是真的，因为它含有一定的氢氰酸。但是如果你和你的孩子吞下了少量几个苹果籽的话，是没有影响的。

☑ **苹果会使花朵枯萎，使其他水果更快地因熟透而变烂。**

原因在于苹果会释放催熟气体乙烯。

简单拥有超强记忆力：已经准备好玩一个提升记忆力的小游戏了吗？如果记忆力不是很好的话，可能会对下面三类植物感兴趣。它们能够帮助你的大脑灰质再次活跃！

五味子属

五味子

假马齿苋属

假马齿苋

接骨木属

西洋接骨木

还在考虑还是已经开始种植了？众所周知，在身体状况良好的情况下，大脑才会正常运作。而一些特定的植物对我们的大脑尤其有好处。除了深红色、蓝色的果实（它们含有黄酮类化合物）和坚果之外，某些蔬菜，比如芹菜或胡萝卜，也有同样作用。胡萝卜的秘密武器是一种叫木樨草素的黄色植物色素的物质。这种物质像维生素A一样，不易溶于水。因此，在烹饪这种块根植物时，都要加入一些油脂。鼠尾草也有相似功效，将鼠尾草当作调味品经常撒入饭菜中，或饮用鼠尾草茶的人，记忆力更好。但是不能每天大量食用，否则药用植物的功效会起到反作用。另外一种具有镇静作用的草本植物是紫苏或紫苏叶。叶子带红色波纹的品种（"红苏"）或叶子背面是红色的品种（"布里顿"）比绿色的品种更具装饰性。

**记住这些！** 还有三类秘密武器对记忆力有好处。大约8月起，就可以从黑色的接骨木上采摘深色浆果了，可以用这些浆果来煮果汁（见第47页）；它也有小棵的、长不大的变种，叶子颜色多样，比如"黑美人"（红色叶子）和"奥雷亚"（黄色叶子），很适合园艺种植。假马齿苋用能挂在墙上的花盆种植最为理想，它的叶子可以煮茶。另外，攀缘植物五味子的果实晒干后可以加在混合麦片里食用。

布质翻牌游戏（众多卡片正反两面都印有图案或者标志，两面都看了之后只露出一面，然后根据记忆找出对应的那张）[①]

**所需材料：** 用于制作正面和背面的布料、剪刀、线、针或者缝纫机、织针或者小木棍。

**制作方法：** 从用于制作正面和背面的布料上各自剪下一个正方形（大约6厘米×6厘米），正面右侧和背面右侧贴合，将两块布料叠放在一起。沿着边缘大致缝合，在其中一个边上留下大约2厘米的开口，用于翻转布料。将4个角剪去，把布料从里向外翻过来；用织针或者小木棍将边角向外推压，再沿边缘大致缝合。

① 原文为 Stoff-Memory, Memory 在此处指一种卡片游戏，为了便于下文理解，在括号里解释了 Memory 是什么游戏。——译注

# 压力很大？和这些植物在一起就不会！

**强大的神经应该感谢植物力量**——这确实是真的。比如母菊属的植物，发挥功效的主要是它的花朵。甘菊只生长在贫瘠的土地上，这也是为什么人们往往能在大自然中（比如在碎石地）发现它的原因。

**缬草属和啤酒花**也是众所周知的安神类草本植物。如果不想直接饮用它们制成的茶，可以将它们当作沐浴添加物使用。花园里也可以用攀缘的、一年生的啤酒花做视线隔离带。在秋天这也是一种装饰植物！

**精神紧张**？柠檬香蜂草和薰衣草有益于缓解这一症状。如果心情实在很不好，还可以用一点黑点叶金丝桃。

点击一下！

关于药用植物和调味植物的特定主题——类似"爱情药草"或者"抗衰老"——可以在 kraeuter-des-lebens.de 或者 syringa-pflanzen.de 的网址下找到，这里有很多很实用的品种。

嘿，浴盆已经满了！沐浴时浸泡在放了具有安神功效的草本植物的水中，惬意地向后仰，放松自己……听起来就很棒，而且植物在热水中能更好地发挥功效。最简单的方法是，将新鲜的或干了的叶子或花朵直接放入热水中——当植物材料透过皮肤渗入身体发挥功效时，它芳香的精油也拂过我们的鼻翼。另一个选择就是浴盐，它也很适合做礼物。浴盐能使我们在沐浴时身体流失的盐分降低——人看起来皱纹就会减少，更显年轻。自制起来也很方便：将死海盐和晒干后散发香气的花朵，比如薰衣草花朵或玫瑰花朵，或者叶子混合就可以了。

**所有问题此刻都成了过眼云烟。**可以用香氛灯来享受芳香精油，在此过程中可以发挥自己的创意：将植物晒干的部分放进没有味道的挥发油中煮开，装入深色的小瓶子中（因为这种混合物并不能长期存放，小瓶子就足够用了），先放置1周再使用。不论是放在专门的熏烧炭上还是放在熏烧炉上，当草本植物被熏烧时，人们都能尽情地享受到它的核心功效。

**用肥皂擦洗。**制造芳香皂也很简单：将中性的肥皂用厨房的礤床儿刨碎，混入新鲜的或晒干的草本植物。沏好草本茶或花茶，放凉，然后浇上去——浇的量要能够使肥皂碎屑能再次揉在一起，并且可以按照自己的喜好塑型。

在绿色世界里沐浴……在水里放入正确的草本植物，沐浴后整个人都会变得宁静！

## 开始行动

所有种植都是有必要的，不论是自己育苗还是买现成的植株。那么唯一的问题是：种在苗床里还是盆栽呢？

**出动一切**！春天菜园周围总是很忙碌，因为到了种植季！为了使苗圃为种植做好准备，让土壤疏松，需要用挖土的耙子翻动土壤，并且把混合肥料拌到土里。对于幼苗，可以用手铲在苗圃里挖出一个相应大小的坑。除此之外，草本植物和蔬菜的种植深度要和它移栽之前一样。但也有少许例外，如结球甘蓝、大葱、西红柿或黄瓜，这些植物要比原来种得更深一点。对于果树，要让它的嫁接处（枝干底部增粗的地方）在地表以上一手宽的位置。没有分支的带有土壤结块的树根在叶子没长出来的时候才能买到。永远都适用的是：把植株放进去，坑里盖上土，轻轻压一压，然后浇上些许水。

**保持畅通**。如果植物需要盆栽，那么它的种植容器就有至关重要的作用。基本上只要是能找到的容器，而且它底部有出水口的话，都可以拿来用。对于盆栽植物来说，没有什么比根部一直是湿的更糟糕了。另外，装泥土之前，在花盆底部先垫上一层砾石或者膨胀黏土也是有益的。泥土可以用专门的蔬菜或者草本植物培养基，或者将培养基和花园土混合。花盆的大小和深度也很重要，例如小胡萝卜、小青菜和皱叶类生菜是可以用阳台上的长条木板箱来种植的，但是西红柿、绿花菜或者西葫芦则需要更多的泥土。装入的泥土不能太靠近容器上面的边缘，否则浇水时水容易溢出来。

1. 旧的（或者新的）铁皮提桶也可以用来做花盆——至少，如果用钻孔器在底部钻了几个出水孔的话，是可以的。

2. 在底部先装上几厘米厚的排水层（这里用的是砾石），然后再装入泥土。另外，这个砾石层可以使花盆更稳，如果容器特别深的话，所需要的土壤量也会相应减少。

3. 不论是买的植株还是自己育苗，幼小植物的根系都要有足够的分支，分支上还要有泥土。

4. 花盆中新鲜的泥土已经很疏松了，因此不需要铲子，可以直接用手挖出一个坑，把植物放进去，轻轻盖上土，然后浇水——完成！

5. 由纸和纤维素混合物制成的花盆可以用来育苗，这类花盆可以连带着一起埋到土里，后期它们会腐烂在土壤里。

6. 将植物在苗圃里按队列一个挨着一个放进挖好的坑里，这样可以种得更多。但是，不按队列种植看起来也会很棒，比如将彩色的沙拉蔬菜按螺旋纹形状种植。用手铲挖个坑，放入植物，轻轻盖上土，然后浇水——完成！

7. 直接种在泥土麻袋里也是可行的，比如生菜、西红柿和草莓。

8. 用高苗床种植蔬菜时，可以种得稍早一些，周期稍长一些——由腐化物构成的保温填充物会使之变成可能。

富含维生素的浆果和
浆果类植物

采摘果实！没有什么比这更让人开心了。这里讲的可口的果实，或者说可以摇下果子的植物，首先要通过栽培才可以获得。这应该是没有什么问题的，因为不管是专门培育的还是野生的浆果（比如草莓其实是野蔷薇科果实），都可以在小花园里，甚至在阳台上种植。

即使如此或者说正因为此，才需要一个**合理的筹划**。如果浆果一下子全都成熟了，接下来的几周树上都是空空如也，那是不会带来什么乐趣的。因此，要选择可以不断采摘的品种，比如种植茶藨子，如果有种植 3 个样本的空间的话，就可以选择红色的"特卡拉"（6 月起丰收）、"洪德姆"（6 月末收获）和黑色的"泰雅"（7 月中丰收）。灌木浆果喜欢光照和疏松的土壤，但也有很多灌木浆果生长在半荫蔽的地方，比如鹅莓、蓝莓、草莓、黑莓和覆盆子。

## 浆果奶昔

**所需材料：** 1 把浆果（比如草莓、覆盆子或者蓝莓），100 克纯酸奶、水果酸奶或者香草酸奶，150 毫升果汁（比如复合维生素果汁）。

**制作方法：** 浆果要熟透，并且没有压痕。首先将浆果择净，清洗；然后放进搅拌器，加入酸奶和果汁，将材料打成泥。如果喜欢甜一点的话，可以滴一点蜂蜜进去。也可以尝试用脱脂乳取代酸奶，或者加入其他配料，比如草本植物（亚麻籽或者大麦草）。

节约空间！

小树木取代灌木：茶藨子和鹅莓也有较高的树干状的品种，很适合种植在空间比较少的地方，因为树底下的空间还可以利用（比如可以用来种野生小草莓）。也有"三连体盆栽"，指在一个花盆里长着 3 个不同品种的植物。

# 来点酸的！

鹅莓有带刺的也有不带刺的（指它的树枝，而不是果实）。收获期：6—8月。品种推荐："瑞维塔"（绿色）、"瑞德维"（红色）。

猕猴桃（常见类型）在我们这儿并不总能成熟，因此最好种植迷你猕猴桃，这种猕猴桃可以带皮吃。收获期：10月。品种推荐："伊斯艾"。

"尤斯塔"其实是鹅莓醋栗的一种（由鹅莓和黑醋栗杂交产生）。收获期：6—7月。

哇，好酸爽！

茶藨子的红色品种味道非常酸，如果喜欢味道柔和一点的，可以选择白色果实的品种。收获期：6月底到8月初。品种推荐："布兰卡"（白色果实）、"露瓦达"（红色果实）、"泰雅"（黑色果实）。

酸浆也叫灯笼果，它的味道并不是很酸，但是很特别，喜欢温暖的环境！收获期：8—10月。

**黑莓**属于攀缘植物，枝干可达几米长，有带刺的也有不带刺的。收获期：7—10月。品种推荐："阿拉帕霍"（果实大）。

哇，
好甜！

**覆盆子**有红色的、黄色的，甚至还有黑色的，春秋季成熟。品种推荐："金色幸福"（黄色果实）、"秋福"（红色果实）。

**蓝莓**培育品种（比如"公爵"或"蓝丰"）在7—9月成熟。不要种在钙质土里！

**无花果**在我们这儿也能成熟！但通常不是在种植它们的那一年就能成熟，而是隔年丰收——在冬天也必须保温。品种推荐："维奥莱塔"。

**草莓**里野生的小草莓是最甜的！收获期：5—7月（一年结一次果的品种，比如"兰巴达"）、8—10月（一年可多次结果的品种，比如"奥斯塔"）。

## 浆果果子酱

**所需材料：**1000 克新鲜的浆果（比如草莓、覆盆子或者黑莓）、胶糖。

**制作方法：**将果实择净清洗，放进锅里捣成泥。如果喜欢果酱里有浆果小颗粒，可以将一部分浆果切成小块。加入胶糖搅拌——可以根据食材加入相同的量（1∶1）或者一半的量（2∶1）。让食材入味几小时，然后加热，沸腾后继续煮4分钟。之后立刻装入用热水冲净的罐头瓶里。乐于尝试的人也可以加入一些调料，比如辣椒或者肉桂。

## 红色浆果可以用来……

当被问到自己最想种植什么时，草莓都在被首先提到的那一类中。必须为"常规草莓"（果实较大，一年一结）规划出一整块苗床。当3年后草莓植株的产量明显下降时，就需要替换新的植株——种植地也要更换。如果空间较小，也有一年结多次果的草莓品种（果实较小）。或者野生小草莓，因为它不需要阳光，所以很适合在树下种植。

**大多数情况下覆盆子也一样很受欢迎。**即使它很多时候生长得比较蓬乱，但还是可以通过搭架来很好地约束它的走向。为节约空间，覆盆子灌木丛同时也可以充当隔离带或者视线隔断带。秋季打理起来最为容易：直至霜降都可以采摘，不存在害虫和疾病困扰，修枝也很简单——只需要在春天将它的枝干全部剪掉。

就是这样！

修剪树枝：初夏以来长成的结果实的枝条全都移除——覆盆子的枝干在收获之后直接从靠近地面的地方剪掉。

都是白色的花朵，红色的果实——那你就想错了！因为草莓也有红色的花朵、白色的果实（"白色之梦"）！而且盆栽园艺者还可以在垂吊品种和攀缘品种之间做选择。空间较小的话，一年多季的品种更具优势！

草莓可以自己迅速生长——它会长出细细的藤蔓，在藤蔓顶端会生出新的小植株。可以直接将它剪下，种在其他地方——完成！

巧克力和草莓——这两种食物很搭！260克面粉、100克可可粉、100克糖、1汤匙发酵粉、1茶匙盐、150毫升牛奶、2个鸡蛋、2汤匙黄油、50毫升油，将这些材料混合搅拌，以180℃（回流空气）烤20分钟，就可以制作出巧克力松饼了。

## 从树上新鲜采摘

➡ **来点实在的！** 除了浆果，其实还有一些其他的真正意义上的常见水果，比如苹果、梨、樱桃，等等。直到几年前，对城市园艺者而言，这类水果都只能靠搭架种植，并不能长大，一直都很小。这样虽然看起来不错，但是工作量更大，因为树枝必须定期精确修剪。你现在是不是觉得其他果树打理起来会简单一些？不是的——不修剪的话，结的果实就会比较小或者比较少。

**新鲜上市！** 如今果园里也有了一些改变，这种变化对阳台园艺者尤其有益。当今所有的树种基本都有小型品种，比如矮小树种、柱状树种，或者根基（根）生长微弱的品种。没有什么能够阻挡人们在城市里也做果农的愿望。还有一个优点：靠在一面温暖的墙上，即使是像杏子和油桃这种敏感的树种也会生长得很好。也可以将盆栽或者矮小树种和柱状树种移到这面温暖的墙边。要记住的是：许多水果种类（比如苹果和梨）都需要在附近有合适的第二棵树来授粉。

只有当两个不同种类苹果相爱的时候，才会有很多果实！

柱状树种和矮小树种也需要修剪。对于柱状树种，6月的时候要将它长的侧枝修剪到大约15厘米长。矮小树种则要在冬末的时候，将分叉的、并排生长的和垂直的枝条全都剪掉。

## DIY

**所需材料：**钩针（2—3个）、红色和绿色的绣花线、织补用的毛线或者棉絮、针、线。

**制作方法：**

樱桃果实：用红色的绣花线钩3个镂空针脚，用经编织针脚搓成圆形。

第一圈围绕镂空针脚钩织8个实针脚。

第二圈在上一圈每两个实针脚之间钩织3个实针脚。

第三圈在上一圈每一个实针脚之间钩织1个实针脚。

第四圈在上一圈每两个实针脚之间钩织2个实针脚。

第五到九圈重复第三圈的操作。

用毛线或者棉絮将半球填充绷紧，收针。

第十到十一圈在上一圈每两个实针脚之间钩1个实针脚。

将线剪断，穿过剩下的针脚。

叶子：用绿色绣花线钩织12个镂空针脚。第一瓣叶子：第一个镂空针脚上钩织2个实针脚；在接下来10个镂空针脚上织2个半长针、6个长针，再2个半长针；然后在最后一个镂空针脚上钩2个实针脚收尾。将制成品围绕轴线旋转。第二瓣叶子按照同样的方法制作，在镂空针脚的第二个网眼部分穿孔。继续织大约15厘米（秆茎）。将秆茎缝在樱桃上，将线固定。

钩针编织水果

## 一起来做园艺吧

收获了自己种植的作物真开心！一个人在那劳作？——不，谢谢！我们喜欢与邻居交流和这种生活调剂。

"自己的土地"。听起来真不错，主要是感觉很好。在这块土地上翻土、播种、栽培，当然还有收获！但是我们根本没有花园，从春天到秋天租了一小块农田，用来种植莴苣和西红柿。这个方式被称为"租花园"，许多城市和不同的企业都会提供这项业务。如果我们打算在土地上播种，那么从一开始就要准备好照料这块土地，当然我们也可以随时收获。在德国城市里有一些共同耕作项目，例如柏林的公主花园和慕尼黑的公益农场。在那里帮忙的人，也可以收获作物。

**还有什么呢？**对我们而言特别棒的是：虽然每个人都有他们各自的职业领域，但人们在这儿可以遇到很多有共同爱好的人。比如，当我们不知道下一步怎么办时，可以问问隔壁耕地的同行或者"房东"，他们也会提供园艺工具或灌溉用水。但是，这样的农田并不像市郊的休闲度假菜园那样富有田园气息——如果要达到那种程度我们还得等上好几年呢！

# 嗅觉刺激

**深深地吸一口气。**现在你需要把正确的草本植物举到鼻子前，它闻起来味道简直好极了！比如有抗衰老作用的薰衣草、有提神功效的罗勒，或者柠檬香蜂草，它的形状会让人发出"哦！"的惊叹。而这些植物还可以有更多的作用：如果没有细香葱、香菜和其他一些调料，我们的饭菜会淡而无味。不加迷迭香的烤土豆或者不加鼠尾草的意式煎小牛肉火腿卷？完全不行！所以拿出花盆，种植你所需要的一切吧！

**棒极了，药草已经种好了！**如果人们从超市里买来一些绿植小盆栽，这些植物刚被拿回家后通常会很快生长到最佳状态，但很快也会变得无精打采。而园艺师种植的植物则苗壮成长。这就需要人们尽快把它们移植到装有新鲜土壤的更大的容器中，里面最好有专门的植物培养基。这样它们才能充分发挥潜力，才能像蓝色薰衣草和彩色旱金莲一样开出漂亮的花……

# 拿出花盆，种植植物！

**充分的选择！** 几乎所有的容器都能用来种植物，比如陶罐、悬挂式花盆或编织篮。重要的是：必须要有排水口，最好在填充土壤之前装入一层膨胀黏土，这样植物就不会处于潮湿的状态！

**常见的药草喜晴天。** 原因在于很多植物来自地中海地区，喜温喜光，例如鼠尾草、迷迭香和牛至。不过也别紧张，也有少量热带植物是耐阴的。比如你可以尝试着种植香菜、薄荷、韭菜或柠檬香蜂草。

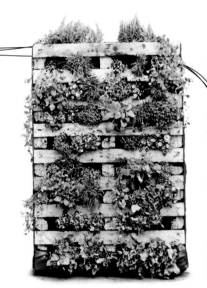

点击一下！

想要在很小的空间种下很多的植物吗？当当当！办法来了——植物集装架。点击www.greenrabbit.co这个网址就有这种精巧的架子哦（作为隔断也很棒哦）！马上就能种上植物。上面还有更多的点子……

# 喏，我们到底有些什么呢？

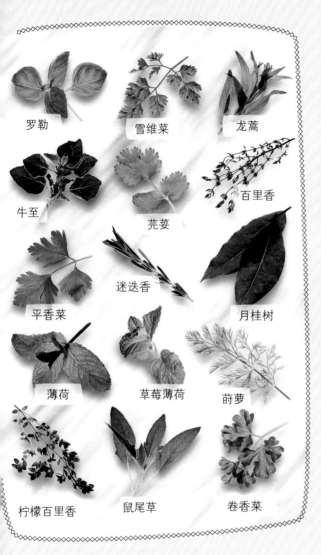

罗勒　雪维菜　龙蒿

牛至　芫荽　百里香

平香菜　迷迭香　月桂树

薄荷　草莓薄荷　莳萝

柠檬百里香　鼠尾草　卷香菜

**龙蒿**：法国龙蒿口味要比俄罗斯龙蒿好。两者都耐寒！

**牛至**：可做比萨的调料，花也很美！你可以尝试一下黄色叶子的品种"Thumbles"。

**芫荽**：亚洲烹饪中必须要有的一样菜。人们食用它的叶子、花或者果子。

**百里香**：不管是平的垫状松软植物还是坚硬的半灌木，都有它们独特的香味！也有一些小的变种，如柠檬百里香、小茴香等。

**香菜**：平香菜还是卷香菜？从叶子上你就可以看出来，而且在味道上平香菜香味更浓一点。

**迷迭香**：高大的灌木，叶子像针一样。适合在寒冷地区当作盆栽植物种植！

**月桂树**：只要冬天没有上冻，月桂树就可以在花桶中存活好几年。需要时人们会摘下叶子和果子。

**薄荷**：薄荷有很多品种，其中有含薄荷脑的（比如胡椒薄荷）和各种水果味不含薄荷脑的（比如草莓薄荷，见第110页）。

**莳萝**：莳萝不太适合盆栽，因为它的主干非常高。人们食用它的叶子、花和果子。

**鼠尾草**：亚灌木属，种在育苗地里看起来非常棒，当然是它开花的时候啦！毛茸茸的叶子有多方面的用途。

**罗勒**：不仅和西红柿搭配会很美味。它还有很多品种和味道！除了非洲蓝罗勒，其余品种的罗勒都是一年生植物。

**雪维菜**：味道尝起来像茴香或香菜。花很漂亮！

**我想要更多！** 如果没有其他东西的话……用一些茎叶就可以很简单地进行部分繁殖。对于木本植物，用剪子或刀截一小段，然后插条就可以了！说到剪子，你还需要进行短截修剪。这也是对植物的照料。

就是这样！

像这样：剪一根一指长的嫩枝（这里用的是迷迭香）。切口要平滑。去掉嫩枝的底部后把插枝浸在生根粉末中，最后插到用来准备繁殖培育的花盆里。上面盖上一层（用于保持高湿度的）塑料膜有助于生根。

分根：把根球直接切成一小块一小块，或者把根球分开，然后再次栽培。这种方法适用于香葱、薄荷和百里香（见插图）。

一部分照料工作需要自己独自完成。首先需要一些基本材料。需要一年生的或是多年生的植物根茎。一年生的比如罗勒。也就是说，把它播种在土里然后收获，再种下去再收获。反之，多年生的植物则不一样，像香葱和柠檬香蜂草的茎叶，春天人们收割，但在收割时要注意留些叶子。

**好看的木属亚灌木！** 相反，其他的木属亚灌木像迷迭香、薰衣草或鼠尾草长出来的是木质的嫩条。人们要定期修剪这类木属亚灌木，否则它们会向外抽条，花开得也不好，如果从下面开始变秃，那画面就不美了！薰衣草就是一个很好的例子。为了保持形态，花期过后人们要把所有开花的枝梢剪掉。在春天人们可以修剪一下。当然，修剪之后茎秆上还是应该有叶子的！

### 扎花

这些带有香味的植物也并不总是只能被吃掉，我们已经说过，有些看起来相当漂亮。用鲜花和绿叶做成花束也是一种替代香包的快速方法。嘿嘿嘿！

### 香草鸡尾酒

自来水加上一点绿色植物就变成了止渴的最佳饮品，柠檬香峰草和薄荷还会让它带有一点淡淡的香气。而对于鸡尾酒来说香草是必不可少的！

### 药草盐

方法如下：将你想要用的植物进行干燥处理（利用太阳、暖气片或火炉），然后用手将它们捻碎和盐混合。当然用糖也会很美味，比如糖和薰衣草搭配。重要的是植物一定要弄干，否则会有块状固体！

### 芬芳的香袋

啊！衣柜里或者车里有这样一缕清新的香气会很棒！首先要用布料如棉布或者亚麻布缝一个小布袋。将烘干的植物填充到布袋里，用布带系紧并将它挂起来。

### 正确的收获方法

为了充分保留香气，人们应该在阳光灿烂的中午前后采摘叶子或者花。有些品种如罗勒或薄荷，花期时味道偏苦，不过也是可以食用的，如果你喜欢的话！

### 风干

有一种办法可能会让你的植物保存的时间长一点：切断，将茎秆扎成一束，头朝下挂在一个通风且温暖的阴凉处。

### 药草黄油

人们一旦开始做药草黄油就停不下来了！

方法如下：把黄油从冰箱中拿出，让它化冻变软。将香草切碎，抹上黄油，还可以加点盐和辣椒，将所有的材料充分混合，然后再让它凝固成固体。

自制

药草的花样做法

看，就是这样！

灌溉及施肥

植物也会感到渴，这是必然的。但是除了水之外，它们也需要足够的养料，也就是好的肥料。

➡️ **用水冲吧！** "让水流动"也适用于栽种或者培育的过程。这种方式后来被称为灌溉，以使植物不至于死掉。其中的关键是怎样灌溉：通常简单地用一个无盖的水壶或者水龙带（带有灌溉装置），将喷出的水流直接浇向植物根部——注意不要把水浇到叶子上；还有不能在中午非常炎热的那几个小时浇水，不然很多水就蒸发掉了。如果自来水的石灰含量较高，就让它在洒水壶中沉淀，留着下次用。这样石灰就会沉淀下来，水温也会比较适合。

**主要营养原料。** 除了水之外，水果和蔬菜也需要养料和维生素，也就是肥料。在使用方式上，人们最好采用有机肥料而不是化学制品，比如堆肥和角屑肥料。每个人都可以自己制作堆肥，只需要有机的废料，比如生的蔬菜废料、咖啡渣、蛋壳或者每家都有的植物落叶。收集后，可以放在花园里或者阳台上的蠕虫堆肥里，这样微生物就可以在肥沃的土壤里繁衍了。自制的药草汁也可以起到相似的作用，比如聚合草、荨麻或者木贼等这些药草的冷水提取物可以促进植物生长，同时也可以起到肥料和杀虫剂的效果。

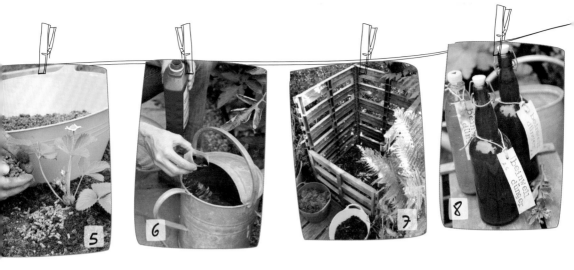

1. 在花圃浇水就像在花盆浇水一样。水不要太急，并且要用喷头来浇水。每次浇水都要浇透，时间要足够长，直到水从排水孔里流出来。

2. 比较粗壮的植物也可以相应地用大点的水流浇灌。

3. 使用水沟，也就是那种小土堤围成的沟，可以保证让水直接传输到植物的根部。

4. 浮瓶传信？不。另外一种可能是直接浇灌植物同时不把叶子弄湿。把一个塑料瓶的底部去掉，使它的头部朝着地面（去掉盖子），然后向瓶子里浇水灌溉。

5. 在栽种的时候就对植物施有机肥，因为肥料在一段时间后才会起作用。最好将肥料平整地撒到土壤里。

6. 有机的液状肥料可以更快地被植物吸收利用。请按照正确的剂量（详见包装）和灌溉的水进行正确调配。

7. 将生的厨房废物和散落的植物碎屑堆积可以形成堆肥。微生物使之成为肥沃的土壤。

8. 制作药草的冷水提取物需要将500克植物放入5升的冷（雨）水中，静置1—3天。过滤，按照1:10进行稀释，每周作为液状肥料使用（注意不要润湿叶子）。放置于阴凉黑暗处保存。

喜欢向上生长的
植物

# 攀缘植物

上面的空气怎么样？你不妨问一下你种的豆子、黄瓜、西葫芦、甜瓜、南瓜或者豌豆，因为它们是喜欢爬到房顶的植物。享受房顶上面的阳光毕竟更多一点。除了豌豆外，这些植物也喜欢温暖一些的环境，而且房顶上的竞争也不像地面那么激烈。尤其是对于阳台和一些"小型花园"来说，这类攀缘植物是个不错的选择：不需要很大空间，它们悄悄爬上去，分叉，成为一个绝好的遮掩物。

就像美国早期的西部地区一样。人们也可以把攀缘植物作为其他地方的装饰元素。比如像架菜豆——梯皮：要想做成这样一个小帐篷，人们需要多根大约2米长的竹棍，把它们均匀整齐地插进土地里，使之大概形成一个圆形平面，把竹棍的顶部束紧，并用带子固定，用绳子或者柔软的嫩枝横向加固。从5月中旬开始在每根竹棍底部2厘米深的土地里播种5颗豆种。要是想让这个梯皮可以通行，那就让圆形平面大一点。随后果实就可以直接食用……但是这并不适用于菜豆——它们生吃有毒！

给攀缘植物配备合适的藤架。对于豆类来说，适合使用那种大约2米长的稳固的树枝或者比较粗、紧绷的绳子。对于南瓜和西瓜来说，绳子的承受力相对就太弱了，人们可以使用比如废弃的脚手架或者其他铁丝栅栏。放置这些架子的时候稍微倾斜点，而不是水平，这样植物可以得到更多的阳光。此外，小网眼的栅栏也可以支撑沉重的果实，因为随着南瓜、甜瓜以及西葫芦不断增长的重量，可能会把网从上面撑破。没有栅栏的话，也可以用"小吊床"来代替，"小吊床"可以用安全网制作并固定在攀缘架上。豌豆自己不能保持挺直，人们可以用竖直并且肩并肩安插在地里的枯树枝或者金属丝网（它的分叉也很好地为植物提供了很多种支撑的可能）来给予支撑。所有的框架都要注意：早点儿搭建，这样攀缘植物可以立即充分地向上长，太晚搭建的话可能会损坏嫩枝，并且果实越重，相应的藤架也应该越牢固。

必须捆绑好。只有豌豆和豆角可以自己就很好地攀附到藤架上。尤其是像那些有"重量级果实"的植物，比如西葫芦藤、南瓜藤和西瓜藤在攀缘的时候都需要支撑，而那些涂胶的金属丝、麻绳、树皮或者专门的植物夹子都比较适合对其进行固定。

在沙拉中放点黄瓜或者直接将黄瓜作为小吃食用——尤其是切成小块（比如迷你星和小方块）直接吃是非常受欢迎的。此外，现代品种如"多米尼亚（Dominica）""幼菲亚（Euphya）""苏迪卡（Sudica）"是没有苦味、无籽和有韧性的。嫁接的黄瓜特别粗壮，但价格也很贵。人们认为它是园艺师的盆栽植物。

黄瓜喜欢舒适温暖的环境——最好是待在温室里。不过它们也能在室外生长，只是长得没那么快。在4月生长的植物可以在5月末移到室外。在浇水的时候不要把叶子弄湿，因此要把水浇入一个嵌入地面的花盆里。提示：采摘黄瓜要尽早，这样之后又会长出更多新的果实！

心形的黄瓜或小红萝卜：一种特殊的塑料模具不仅可以使果实形状具有装饰性，而且可以使每片涂上黄油的面包片更有价值。把个头还小的黄瓜放到模具里，拧一下，再稍等一下。

DIY

**所需材料**：钢丝衣架（每 4 个衣架组成一个方形）、扎带（每个方形 8 处）。

**制作方法**：把 4 个衣架摆成一个方形，平直的那一边朝外。为了在中间形成一个漂亮的图案应注意要确保所有挂钩都指向同一个方向。把方形的 4 个角用 4 根扎带束紧，中间的花纹图案也用 4 根扎带束紧——第一个方形元件就完成了。

用扎带把多个方形的拐角连接起来就可以制成任意大小的攀缘栅栏。为了稳固起见应借助小钩子和扎带安装在一个木质的框架里。

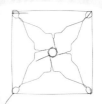

衣架攀缘栅栏

**长卷须豌豆**（长达 2 米）属于老品种。也有即食的豌豆、被晾干的豌豆，还有跟壳一起整个吃掉的嫩豌豆。

# 看！
# 谁在那攀爬

**西葫芦**几乎可以独自生长——只要水分和养分均匀地分布。在果实比较小的时候就收获，这样就不会很沉，并且口感更佳。品种提示："黑森林"（长枝芽）、"弗洛里多"（黄色的、圆形的）。

**印加黄瓜**有 5 米多长的卷须可以作为一个很好的遮阳物。带刺的果实像核桃那样大的时候味道最好，叶子也可以吃！需要温暖的生长环境。

**甜瓜**只有在超市才能买到？但是从现在起不再是这样了！甜瓜是最有希望种植成功的。它们必须在温暖和防风的环境生长。品种推荐："美容橙"（小果实）、"加勒比金"（高产）。

**架菜豆**非常需要温暖的生长环境（红花菜豆例外），并且到 5 月中旬才能播种到苗床。油豆角对生长环境的温度不太敏感。从 7 月开始采摘，豆荚足够大的每两天采摘一次。里面的籽可以等它完全成熟后再用来烧菜。品种推荐："内卡河金"（黄豆角）、"蓝豆角"（蓝色的）、酸果蔓豆（带红色斑点的油豆角）。

**南瓜**有许多漂亮的颜色和形状。正如与它们相似的品种西葫芦一样，要到 5 月中旬的时候才能种植到室外，5 月中旬之前的气候对它们来说都太冷了。南瓜需要充足的养分和一个阳光充足的地方。大而沉的果实需要用网栅支撑住。

# 挑动者

**它让我号叫！**事实上，花园里也有许多具有刺激性的植物，它们可以使人流泪：洋葱、小红萝卜和辣根都属于这一类，当然还有辣椒。有一些品种——其中有很多种——吃起来味道太"无趣"——味淡，就和它们的"大姐大"甜菜椒一样，但它们具有同样的照料需求。其他的品种在用手触摸时会有灼热感——要是谁把汁弄到脸上了，就完了！辣椒含有相当丰富的维生素 A、B 族维生素、维生素 C 及促进消化的辣椒素。这也是会辣到嗓子的原因。

**先是绿色，然后变红，有时则是橙、紫、白，甚至是黑色。**辣椒成熟之后颜色是不断变化的。也可以这样说：青椒（严格从植物学来讲是浆果）始终都不能成熟。尽管可以吃，但是它的籽不能用来播种。

**辣椒尤其喜爱阳光充足温暖的环境！**大部分的辣椒品种在阳台上甚至在窗台上都能生长得很好，比如一个阳台箱对它们来说就足够了。如果人们在气候凉爽时果断地把它们移到窗台上，它们就会比较有活力。如果这些植物长得过于茂盛，可以直接修剪掉多余的枝条——在每片叶子的节点之上都能长出新的嫩枝。另外，过冬对辣椒这种植物来说毫无困难。无论是在温暖明亮的房间还是在有点凉（10℃）、有点黑暗的地方都能顺利生长。

## 点击一下！

如果想尝试真正的特色菜，不要单单只买辣椒种子，还可以买一些特别的品种。在这里我们知道你想要什么！有关种子的概况请见www.chili-shop24.de、www.hot-chili-shop.de。

# 从种子到豆荚

就是这样！

要注意种植种子的容器是否太小，容器过于狭小会损伤幼苗。要小心移走幼苗，以不损伤幼苗，然后将它种植在单个的盆中。

 **早起的鸟儿有虫吃**

换种说法：只有播种早的人，才可以最终收获硕果。这是因为小辣椒生长发育的速度很慢。由于品种不同，有些种子在种植后的2—4个月才会成熟。因此在2月到3月初，就要开始在大棚中播种，要在温暖的环境中（要达到家中客厅的温度）播种。几周以后，也就是到了5月中旬，这时候寒冷的天气已经过去，就可以将小辣椒的幼苗移植到"正确的"盆或苗床中。到了这个时候，辣椒的幼苗已经长大，变得强壮起来，也有了强壮的根。

穿成串的辣椒

**所需材料**（如右图所示）：辣椒、细绳、固定材料（根据不同的悬挂方式，如钉子、钩子）、晾衣夹。

**制作方法：** 在一个空气干燥温暖且没有阳光直射的地方，将绳子拉紧并且固定，用晾衣夹将小辣椒挂在绳子上——辣椒叶柄部位朝上。

**所需材料：** 辣椒、绳子，可能还需要针线。

**制作方法：** 将 3—5 个辣椒从叶柄处拴在一起，或者用别针把辣椒固定在绳子上，然后将这一小串一小串的辣椒固定在一根绳子上，这样就做成了一长串辣椒串，可以挂起来。大约 6 周以后，辣椒就会晾干了。

人们把位于植物顶部开出的，将嫩芽分叉的第一朵花称为"王花"。以前人们认为，必须将这朵花摘除，植物才能结果。今天人们知道，不摘除这朵花也不会产生什么影响。

# 辣，更辣，超辣

　　人们在品尝之后会发现，辣椒和辣椒是不一样的。不过在吃辣椒之前，最好准备几片面包。

博内琼斯爸爸威士忌辣椒（10）

比利高特辣椒（10）

哈瓦那萨维娜红辣椒（10）

波尔蒂辣椒（8）

AJ1皮坎特棕辣椒（7—8）

德·阿尔博辣椒（7）

火焰椒（6）

墨西哥辣椒（5）

智利鲍波拉辣椒（4）

红色柿子椒（4）

樱桃椒（1—5）

安那翰（加利福尼亚州）辣椒（1—4）

鲍勃拉诺椒（1—3）

智利杜乐米尔浮胡图辣椒（0）

级别9—10+=超级辣

级别0—3=微辣到中辣

级别4—5=辣

级别6—8=很辣

> 辣椒油也是很棒的调料！

## 咖喱鸡

**所需材料**：1 汤匙芝麻油、2 瓣蒜、1 汤匙绿咖喱酱、1 罐椰子汁、2 茶匙鱼汁、400 克鸡肉、2 片柠檬叶、辣椒（适量）、糖豆（适量）、泰国香草。

**制作方法**：在平底锅内加入芝麻油，蒜切片，加入咖喱酱，放椰汁，用文火煮，加入鱼汁和切好的鸡肉粒，加入柠檬叶，3 分钟后放入辣椒，5 分钟后放入糖豆，用文火煮 3 分钟，加入泰国香草，佐以米饭。

除辣椒之外，亚洲菜系还惯用另外一种蔬菜——山葵。想在自己的小花园里种一些特别的菜的人，可以尝试一下种植山葵。山葵的根生长需要几年，几年后就可用山葵的叶调味。

看，就是这样！

## 维护

每种植物都或多或少地需要维护，这就包括很多个方面，如修剪枝丫和铲除杂草。

➡️ **植物已经种到了地里，然后呢？** 任其生长是不行的，还是需要一些维护的。怎么维护，我们马上就要说到了。其实大量的时间并不是花在植物上，而是花在与之相竞争的杂草上。菜畦里经常会长一些杂草——田地是开放给每一种植物的。它们生长得很快，且也会吸取阳光、空气、水分和养分。为了应对上述状况，就需要定期松土。松土的作用是减少水分的蒸发，让灌溉的水和雨水能够更充分地被吸收。但是，一定要在田地里苦下功夫劳作，不然隐匿的杂草会长得更旺盛。

**一片混乱！** 但是是我们希望的混乱。如果你想成为一个成功的植物种植者，了解混合种植是非常重要的。有一些植物总是互相竞争，尤其是当它们生长距离比较近的时候，都想长得更高，这就能阻碍杂草的生长。非常成功的"一对"是洋葱和胡萝卜——这两个都是做沙拉的常用原料。混合种植的时候我们通常都会每垄种植不同的植物，这样整个菜园会丰富多彩，非常好看。

在水果的种植上，人们用另外一种方式来达到增产目的——按步骤种植。对于苹果、覆盆子等，修剪长水果的枝丫，使树干和树枝保持生机。

1. 除杂草：如果土地已经非常松软，平时也按时除草，那么用手就可以除掉杂草。对于难除的，如羊角芹、蒲公英、毛茛和葡萄冰草，就要用到锄头。

2. 保温层：对于过早或者过晚生长在外面的蔬菜，在气温较低的时候要盖上毛毡，如果是塑料薄膜，不要直接盖在叶子上。

3. 水果灌木要定期剪枝，如覆盆子，应该把所有剪下来的枝丫紧密排列在地上（见第58页）。

4. 灌木类果树，如梨树，应在每年春季或夏季剪好树形。

5. 共同生长：植物和花非常适合共同生长，前提是它们各自长得很好，如西红柿和万寿菊，万寿菊有助于阻止杂草对西红柿的侵袭。

6. 混合种植：对于有利于彼此生长的种类应并排种植，经典的搭配是草莓和洋葱的混合种植。

7. 支架：比较长的植物，比如西红柿和覆盆子，应该用专用的绳子将它绑在支撑物上（见第75页）。

8. 经常松土，如用锄头等工具，良好的通风环境有利于水分的吸收。

用力拔出来，这就是胡萝卜。想要削尖、卷曲或者切胡萝卜，可以使用"胡萝卜切割器"。

# 地下的果实

➡ **深挖**：对于有些蔬菜，想吃到好的部分必须深挖，因为这些蔬菜，最好的部分就在地下。对于其他植物来说，在地下只能找到根。但对于萝卜类的蔬菜，如洋萝卜、胡萝卜等，果实却在地下。其实，萝卜类蔬菜的果实就是它们很粗的根，也是它们非常重要的储存养分的器官，而对于我们人类来说，能极大地丰富我们的餐桌。

**不仅仅只有胡萝卜**！从大众熟知的种类说起，如水萝卜、白萝卜和红的甜菜，那么欧洲萝卜、香菜根和水果萝卜呢？或者细卷雅葱和大头菜呢？问问你的奶奶，她们一定知道，只不过这些东西被我们遗忘了。你难道不想对你的菜园进行一番复兴工作吗？

**谈回菜根**：虽然有一些种类是在早春一次播种，但还有其他早种类或者晚种类的（更多内容见第 90 页），早种或晚种类的非常便于贮藏，而且不会流失维生素和破坏口感。最好的贮存环境是低温的地窖里，将它们放入装满沙子的木箱，放之前要把叶子去掉！如在冰箱里短时间的储存也可以用湿毛巾将它们包住。

**食用之前**：这我们就要谈到果实。把有根植物直接种到菜畦后，当植物发芽了，你会发现种得有些密集。这时就该间苗了（见第93 页），但是不要把整垄都挨着拔光，而是有选择性地摘取最大株。

它们从上面看起来很普通，有些甜菜的叶子看起来也是如此。

# 是谁拔出了根？

3月萝卜：淡淡的甜味，早春或者秋天的白萝卜、黄萝卜和紫萝卜就是这个味道。自3月中旬起，就可以开始播种了。8月便可收获。

白萝卜：辣味，尤其是当它们在干燥环境下存放太久时。几乎随时都可以播种：早种类2月就可播种，夏季种类4—6月，晚种类一直到8月。

水萝卜：脆，小的、圆的小红水萝卜生长迅速，基本4周就可收获！自3月便可开始播种（种在盆里或者菜畦均可），一直到9月都可以不断播种。

欧洲萝卜：这种很早就有的被重新发现的蔬菜是很美味的。3月起便可开始播种，但是想收获要等到10月。

3月萝卜

白萝卜

水萝卜
（小红萝卜、
四季萝卜）

欧洲萝卜

旱芹：有浓郁的香气，告诉人们不能"以貌取人"。5月开始种植而且要浅播。10月成熟。

胡萝卜：这种萝卜很甜！有细长形和短粗形的。分早期、中期和晚期播种的不同品种。有黄色、白色、紫色、橙色。生长期3—7月。

甜菜：这种红色、金黄色、白色或者玫瑰色的甜菜有一股泥土的味道。最好从5月开始种植，生长茂盛期截至6月末。建议：早点儿种植。（"婴儿甜菜"）！

欧芹根：有着像芹菜一样的香气。从3月开始种植，10月和11月成熟。叶子吃起来像欧芹。

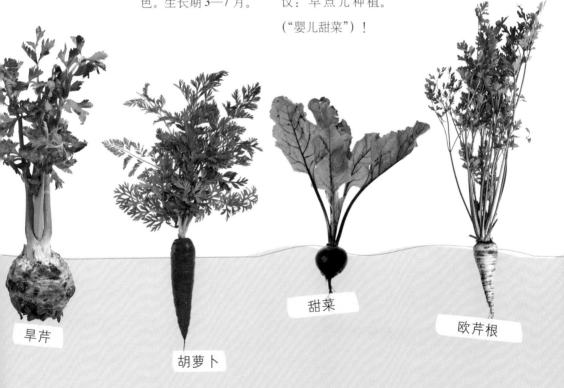

旱芹

胡萝卜

甜菜

欧芹根

从土地直接到
饭桌

### 彩虹之上（左一）

它们被称作"调色板"或者"彩虹色"小萝卜。但看起来却只有一种单调的红色。可用于制作沙拉、涂在面包上或者制作小萝卜花束。

### 食用叶子（左二）

至少有一些品种的萝卜缨子也是可以食用的。用萝卜缨子可以做汤，还可加入土豆和洋葱，浇上汤和奶油。

### 胡萝卜玛芬（左三）

仔细研磨 250 克胡萝卜，加入柠檬汁混合，再加入 200 克面粉、1 小包烘焙粉、150 克研磨过的杏仁、1 个鸡蛋、150 克糖、100 毫升油、200 克酸奶油。将所有材料搅拌均匀，以180℃烤 20 分钟。

### 更喜欢在室内（中间一）

并不是每种根茎都喜欢。最好直接种植在土壤里或者放在花园里。常见的有水萝卜和芹菜。

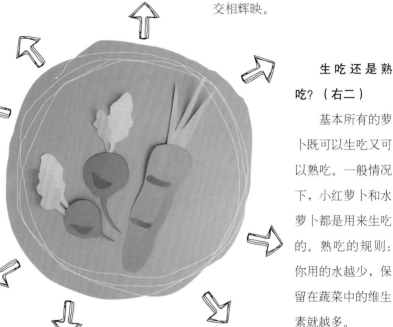

### 深红色的蔬菜（中间二）

蓝色或者紫色的更健康。花色素苷具有预防癌症的功能。我们建议：食用紫胡萝卜。

### 圈舞（右一）

水萝卜五彩斑斓，"探度·第·克格亚（Tondo di Chioggia）"很漂亮，"剥皮·金（Burpee's Golden）"闪耀着金黄色，"布兰扣马（Blankoma）"是白色的。这些品种萝卜的颜色和叶子的颜色交相辉映。

### 生吃还是熟吃？（右二）

基本所有的萝卜既可以生吃又可以熟吃。一般情况下，小红萝卜和水萝卜都是用来生吃的。熟吃的规则：你用的水越少，保留在蔬菜中的维生素就越多。

### 保持比较稀疏的状态（右三）

人们将根茎植物种在花坛里，一旦长出幼苗就应该间苗。也就是说，要注意间苗距离，以保证植物生长有足够空间。

萝卜种在花盆里往往比种在花坛里更容易获得成功，这是为什么呢？一般根茎类的蔬菜需要疏松的、土层厚的土壤，这样才可以让蔬菜生长得更大、更好。好的蔬菜培养基就是如此。

就是这样！

小红萝卜是最简单的练习！这类蔬菜不需要特别深的容器，而其他的根茎类蔬菜则需要至少25厘米深的容器。容器中放上土，但不要全部填满。种子之间要保持一定间距并用精细的土覆盖。要浇水——用喷洒的方式浇水，以免冲走种子，之后等待……

如果播种时间距太紧密，根类蔬菜就不会长成小萝卜。然而人们就是想这样，只需将萝卜的茎作为蔬菜食用，或者将水萝卜的叶子切下用在沙拉中（见第10页）。另外，小萝卜的种子是发芽最快的，所以可以把它们当作标志性的秧苗，以免疏忽把它们误挖出来。

不只我们喜欢吃根茎类蔬菜，苍蝇也喜欢在胡萝卜、芹菜和防风草中飞来飞去，并以萝卜为食。所以，在害虫频发季节（4—5月），人们需用细网眼的材料完全包裹好蔬菜或者搭建一个约20厘米高的防护网。

将小红萝卜和胡萝卜的种子混合撒开来播种。小红萝卜的种子发芽几天之后会变绿；等到胡萝卜生长需要空间时，小红萝卜已经可以收获了。

**所需材料：**卫生纸（两层卫生纸即可）、1个鸡蛋（具体来说是指蛋清）、剪刀、种子、刷子（如胡萝卜的）。

**制作方法：**将卫生纸卷成约3厘米宽的长条，剪断。将两层纸小心地分开。将蛋黄和蛋液分离。用刷子或者手指将蛋清抹在长条上。快速涂上种子，间隔为3—5厘米，并用另一层纸覆盖。

**使用：**将纸条放入2厘米深的土壤凹槽(如右图)。之后埋入土壤中并浇水。只有较少的品种是松散的种子，这种情况可以单独制作一个种子带。只要确定好间距就可以做成超级实用的种子带了。

自制种子带

# 我完全支持"变废为宝"

扔掉，不，谢谢：我更喜欢有创意的"变旧为新，变废为宝"。

**这是一个水瓶**——现在是我的迷你温室花房。以前我曾经在哪读到过迷你温室花房的制作方法，我可以从尝试制作一个迷你温室花房开始，多么令人期待啊！我的塑料容器会成为花盆，最近我甚至听说，有人把它们做成了温室花房。现在任何人都阻止不了我：磨损了的汽车轮胎可以成为小花坛，失去光泽的银色刀具可以成为植物标牌，不密封的橡胶长靴可以成为沙拉菜培养容器……

**原本只是废物**：这是它本来的面目。我们生活在一个无数东西都会变成垃圾的时代，我们必须有所行动来制止这种情况的发生，最好的解决方案就是：不要产生太多的垃圾。第二个解决方案就是：变废为宝。对此没有想法的人可以在网上输入"变废为宝"，便可查到上千条建议。

# 洋葱及洋葱属植物：
## 皮也很时尚

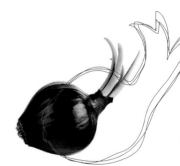

**搭配红酒更美味！** 洋葱在美味的餐点中起着不易察觉的提味作用。没有它炒蛋就会淡而无味，沙拉尝起来会很单调，调味汁似乎也少了些什么。一小口葡萄酒外加一小块洋葱蛋糕简直太完美了！尽管人们在切洋葱时会流眼泪，但仍然乐此不疲。

**科属：** 除了众所周知的洋葱外，还有青葱和体积较大的蔬菜葱类。有人不建议把冬季小葱归属于这一科属，因为它耐寒并且是多年生植物，最后收获的是葱叶。

**播种还是扦插？** 这是针对洋葱的问题！从鳞茎中收获洋葱是最快、最实用的方法，人们可以买到现成的鳞茎。4 月时，把鳞茎插到松土中，间距为 4 厘米（行距是 20 厘米），更确切地说，它们只是部分覆盖在土壤上。

 美味！

# 洋葱蛋糕

**所需材料：** 面团或 200 克面粉、100 克人造奶油、盐、1 个蛋黄、2 茶匙冰水。

**馅料：** 250 克熏肉火腿、1000 克洋葱、200 克酸奶油、2 个鸡蛋、盐、胡椒、200 克磨碎的奶酪。

**制作方法：** 揉面团，然后用锡纸包住并冷却。用平底锅炒一下熏肉火腿，放入切成碎末的洋葱。将面团摊开，放入直径为 26 厘米的蛋糕模子中，将洋葱火腿碎铺在面团上。将奶油和鸡蛋一起搅拌，铺在洋葱上，撒上奶酪，在温度为 180℃的烤箱里烤大约 40 分钟。

收获洋葱——一次一个：种植洋葱时应尽早护根，这样的话茎秆可以蒸发极少量的水分。当叶子变黄或者弯曲时，洋葱就会从土里钻出来。在晴朗的天气时，茎秆上的洋葱可以直接变得干燥。

## 蒜瓣是从哪儿来的?

**什么时候种植?** 蒜瓣最好在 9 月或者春天（3 月）时扦插。其他选择：在冬天（12 月或者 1 月）提前种植，那么在移栽时就会很有优势。

**做准备：**将蒜瓣按压到一个有播种土壤的小花盆中，每瓣都处于 5 厘米深的位置，

并且要保持温暖和光照（不能太潮湿）。

**3 月末或者 4 月初**如果天气足够暖和，那么小植物就可以在外面继续生长，可以将它们移栽到稍微大点的桶内（一定要有排气孔）。

收获的蒜一定要尽快风干，这样便于贮存。一种办法是：将块茎倒挂在金属栅栏上，当然要有屋顶，这种方法也适合洋葱的贮存。

➡️ **持续一段时间！** 收获大蒜需要的时间稍微长一些。在秋天扦插的，大约 8 个月之后（5 月或者 6 月）才能收获；在春天种植的，大约 6 个月之后（8 月或者 9 月）才能成熟。大蒜喜欢安静的生长环境，因此它喜欢长在莴苣堆里或者草莓间。还有一个好处：很多园丁都说，这样可以驱除地里的田鼠。大蒜喜欢温暖、有阳光、营养成分不很充足的环境。

**被人们用作"种子"的大蒜不是来自超市。** 更好的是你可以在种子交易市场买到特殊的品种，例如"瓦乐拉多（Vallelado）""福利欧（Frolio）"或者"瑞卡波乐（Rocambole）"。它们在夏天开的花会形成可以被种植的鳞茎，但是需要 2 年的时间，才能成为真正的"大蒜"。人们还可以种植韭菜，并很快收获。

点击一下！

在www.kuriositaetenladen.com网页上，人们不仅可以找到大蒜的烹调良方，也可以找到其他食材的烹调方式。除此之外，还有很多蔬菜、水果、慢餐、当季购买清单和其他信息。

## 完美的葱——小植物

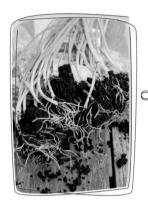 + 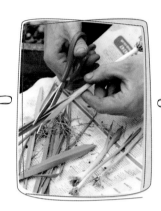 +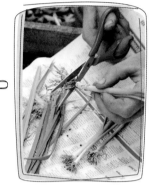

购买幼苗（或者自己栽培），并且小心地将它们分开。

用剪刀将上面绿色的部分剪去约3厘米的长度。

把根剪下去一半，以便幼苗更好地生长。

在种植时就套上漂亮的套子。

**从夏天到冬天：**什么时候收获大葱或者小葱，这取决于是何时种植的，因为每个季节都有适合种植的品种。外观上看它们几乎没有什么差别，只是冬季大葱比夏季大葱看起来颜色更深，长得更为结实一些。人们可以去园丁那儿取一些幼苗，直接进行播种。

**幼苗间最好保留出约 15 厘米的间距（每行大约 40 厘米）**，人们如果除了浇水和除草之外不做其他的工作，就会看到特别令人惊讶的情况：它的茎不会那么白，也不会有从超市买回来的那么细嫩。这时候就必须通过在葱上面扣上纸卷或者有规律地松土和培土来改善（见第 43 页）。或者在栽培每个幼苗的时候将之埋入 15 厘米左右深的孔中。要特别注意一个问题——葱上面的苍蝇。为了不让苍蝇在葱上产卵，必须在 4 月底开始就罩上一个十分细密的网。这种方法对胡萝卜和万寿菊的混合种植也有帮助（见第 86 页）。

**补充：**圆葱是韭菜和洋葱杂交的结果，通常在3月和4月播种，但有些品种是要到7月才开始播种。它的叶子以及根部厚厚的梗茎被用来食用，它们的颜色并不都是白色的，"红色佛罗伦萨（Rote Von Florenz）"和"莉安（LILIA）"这两个种类就是很明显的红色。

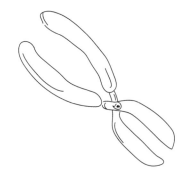

香葱和野韭菜：这两种植物的叶子通常用作调料。人们整年都可以收获香葱，然而野韭菜只在春季生长。可以将它们种在盆里或者花园里，然后浇水就可以了。

想做就做！

无论是种在盆里还是花园里的香葱，生长得都很笔直。收获的时候从靠近土地处剪掉，它们还能再长出新的茎。开花的茎比较硬，不适合食用。花朵本身散发着香气，可以插入花瓶里。

## 新鲜的野韭菜酱（也可使用罗勒或者芝麻菜）

**所需材料：**80克野韭菜叶片、150毫升橄榄油、100克松子（或者是与核桃和杏仁类似的坚果）、盐、胡椒、100克巴尔玛干酪（粗研磨的）。

**制作方法：**将野韭菜叶洗干净，揪成大片就可以，放在一个细长的器皿中（可使用搅拌器），再加入橄榄油以及松子（坚果）。加盐、胡椒，将以上所有食材一起用搅拌器搅碎。最后再混匀巴尔玛干酪。可搭配意面食用或者当作炒菜时的作料。假如你使用罗勒或者芝麻菜来代替野韭菜的话，里面可加入蒜蓉。注意要冷藏存放。

也可用罗勒和芝麻菜

**注意：**野韭菜喜欢在花园里大量繁殖！最好在大罐子或者大盆里种植，它的香气会在开花之前出现。待到5月开花结果，你再要尝鲜就只好恭等来年了。其他途径：你可以在树林里采摘野韭菜叶！

我刚刚摘了
一小杯茶叶！

# 饮茶时间

➡ 1：0 药草仙女！哪位咖啡爱好者为了早晨愉快兴奋的感觉在花园或者阳台上采摘咖啡豆？（有时可以拿蒲公英根部代替）。为了享受一个正宗的英式下午茶我们需要红茶——然而并没有！尽管如此，作为饮茶爱好者仍有很多选择：今天是选酸涩的鼠尾草还是有水果香味的柠檬马鞭草？是让人感到凉爽的薄荷还是香味浓郁的百里香？更多信息见"感觉好极了"（见第 44 页）或者"嗅觉刺激"（见第 65 页）。

**在茶里应该放什么？** 尽管人们大部分采摘的是叶或者一段枝（并不一直是药草），但是很多花、根、种子甚至果实（见第 109 页）也很适合用来泡茶，并且搭配在一起视觉效果也非常好。用于泡茶的比如有茴香的种子。人们可以将叶子、花朵和枝条利用不锈钢茶球泡茶器或茶叶包，放入茶壶或杯子冲泡饮用（见第 108 页）。采茶之人需要从植物根部制茶（菖蒲或者聚合草），这就需要知道是哪种植物的根，所以一定得事先知道你要喝的是什么！因为在花园里同样有很多是不可以食用的或者有毒的植物。此外，有些药草虽然有好的功效，但也要注意剂量且不是每天都可服用。

**这看起来不错！** 有一些茶类植物盛开的时候特别漂亮，人们通常都很乐意种植这种植物。比如品种为"山上花园"的鼠尾草、岩蔷薇、大红香蜂草、柠檬牛膝草。鲜红色的大红香蜂草甚至会有香柠檬的气味。

**在室内或者在户外？** 有很多不太出名的适合用来泡茶的植物。许多这类植物在户外生长一整年都没有任何问题，诸如此类的植物有薄荷、鼠尾草和柠檬香蜂草。而其他的一些品种虽然寿命较长，但一有霜冻就容易被冻坏。这些植物在晚秋时节应该移到温暖的地方。像豆蔻这种室内观赏植物是非常漂亮的，它美丽的叶片也可用于泡茶。柠檬马鞭草冬天需要在一个不会结冰的地方生长。而自然界的其他品种植物寿命都不是很长，人们每年一定要重新播种（或购买），比如调味万寿菊、罗勒。等一下，罗勒草放在茶里？并不是每一种罗勒都可以哦，最美味的还是"黑猫眼石（Dark Opal）"！

> 茶罐里面美丽的花朵：在已经购买的混合物中人们可能认识万寿菊或者矢车菊、玫瑰花、扶桑花。这些以及更多的植物人们都可以自己种植。像薰衣草花或者天竺葵花不仅有着美丽的颜色而且有助于健康。

做好茶包，尽情地品茶香吧！不论是自己亲手做的茶包，还是可以直接泡在杯子中的茶包，抑或是新鲜的茶叶，又或者风干的花茶，品起来都美妙无比！

**所需材料：** 制作茶包的过滤纸（超市或保健药品商店有售）、剪刀、缝纫线、缝纫机或针、零散的花茶混合物、彩线、装订器、薄状彩纸板、铅笔。

**制作方法：** 方法一：将过滤纸剪成心仪的形状（比如心形）。沿着边缘缝线，只留上面一个小口。将花茶填进去。将口完全缝上，并钉上一条细线。然后将薄状彩纸板剪成心仪的形状，写上字，并缝在细线上。

方法二：（如上图所示）将过滤纸包上花茶，并用彩线扎起来，再将做好的薄纸卡片固定在细线上。

茶包的缝制

**想来杯茶吗？**当植物被完美风干的时候，也就是接近中午的时候，沏杯茶正好完美。茶都有哪些功效呢？——提神醒脑、宁神解渴——不过这也取决于使用哪种药草，或者取决于泡茶的时间。一般来说，花茶需要泡 5 分钟才能有效果。

**挂着就好：**为了冬天也能喝到茶，将花茶风干是绝妙的方法。最简单的方法就是：将若干具有柠檬香味的柠檬香蜂草、马鞭草和迷迭香分别扎成束（风干的时候不要混在一起），然后将它们头朝下根朝上悬挂于干燥、阴凉、通风处风干。

**自制水果茶非常美味。**苹果、梨等一定要提前风干，这样水果茶才能够被保存，味道也会很浓郁。人们要将核果的果核处理掉，再将果实切成薄片或者细碎的果丁，然后将它们以一定的间距平铺在厨房用纸、烤箱纸或纱布上，并放置于干燥、温暖、通风处，等待风干。彻底风干需要 2—4 周。同样，你也可以用软糯型的水果和野果来制作水果茶，如草莓和接骨木果。另外一种水果茶的制作方法：你需要买一个风干器，或者利用炉子的余温（来烘干水果），如烤箱的余温；又或者用厨房的边角废料来制作水果茶也很不错，比如用苹果皮。

如果你要用新鲜的花茶来沏茶的话，就要多放一些——大约放5个花瓣和1根拇指长的嫩香草。因为新鲜的植物含有水分。风干的花茶香味是最浓郁的。

# 制茶植物闻起来像……

从水果这个方面来认识最重要的制茶植物——薄荷。

### 香蕉薄荷

闻起来像香蕉，拌在水果沙拉中美味可口。香蕉薄荷长得不太高。

### 巧克力薄荷

闻起来像"After Eight"巧克力，芳香宜人，适合搭配所有甜品或甜味茶饮，如茶和沙拉，非常美味。

### 草莓薄荷

叶子适合做饭后甜点。非常适合"小花匠"来种植此种薄荷体形娇小叶子娇嫩。

### 菠萝薄荷

叶子边缘呈白色，外观精美，体形丰厚敦实。

### 橙子薄荷

此种薄荷没有薄荷的香味，但是却有着香柠檬的味道。它是用来做饭后甜点的最理想的薄荷。

### 苹果薄荷

味道很淡，它主要出甜味。此种薄荷长势旺盛，生命力强。

# 野草

　**在花园里发现了野草吗？** 不要着急除掉它们，因为它们有时候对你而言也大有裨益！比如荨麻，除了除草的时候把它当野草除掉之外，还有人专门买这种风干的荨麻用来泡茶喝。人们也会专门买路边的野生植物如接骨木、洋甘菊和黑莓等。路边不光指的是高速公路两边或者其他车流量很大的道路两边。但是请注意，路边的植物不会被人喷洒药物。

　　**用野草来泡个凉水茶。** 如薄荷、柠檬香蜂草、接骨木叶子和玫瑰叶子，或者加入新摘的覆盆子或者苹果（切成片）——这些材料制作出来的凉茶在夏天简直是一款不容错过的香草茶啊！如果觉得这样的茶不够甜——即使是热茶——也可以放 1 瓣甜菊（来提甜味）。

## 美味可口的烤饼

　　**所需材料：** 300 克面粉、2 茶匙酵母、1 茶匙盐、1 茶匙糖、60 克黄油、1 个鸡蛋、牛奶。

　　**制作方法：** 将面粉与酵母、盐和糖混合，加入黄油；将鸡蛋和牛奶混合，并用搅拌器打匀；将打匀的鸡蛋和牛奶倒入面团，接着将面团揉平；用擀面杖将面团擀成厚度约为 1.5 厘米，并用模子压成直径约为 5 厘米的圆饼状。将 2 个圆饼摆在一起，放进烤箱，以 200℃烘烤 10 分钟即可。经典的烤饼是在 2 个圆饼中间夹入果酱和"固体奶油（Clotted Cream）"，或者抹上双倍的奶油。

看，就是这样！

## 节约空间

如今每个人都必须节省空间，因为谁也没有一个大的花园。这个时候就有人问：那如何用很小的空间做很多事情呢？

**总是沿着墙来种植物！** 你想象一下，你想要在阳台上安置一个蔬菜小花园，而阳台只有几平方米，这种情况下，能种的东西并不多。然而当人们把墙利用起来的时候，面积就变大了。在阳台两侧安装上一个结实的遮掩物，并在栏杆上悬挂一些小箱子——你可以想象一下！啊，或许你的阳台是有顶棚的。不是只能在墙角放置柜子了——像之前在卧室里一样——多年以来，"垂直花园"这个话题已经人尽皆知了。并且由此话题衍生出了一系列不同的体系——他们将攀缘类植物之外的植物也引进直角地带。

**直接在地面上种植物！** 尽管如此，那些最重要的可通行的位置都留给了植物。人们可以将植物竖着来种植，而不是将它们排列着种植。在种植的过程中人们还将变成富有创造力、头脑灵光、办法多的人！你看一下，你在家里都收集了什么东西，购物袋、木箱子，就用它们做实验吧！

**打造层次感！** 其实也有一些蔬菜和水果与其他植物相比，并不需要太多的生长空间，如搭架水果、攀缘类植物（见第75页）和浆果类高枝干植物（见第55页）。

1. 堆放：人们可以将"科西嘉盆"堆放。它是由 3 个花盆构成的（40 厘米 ×41 厘米），非常稳固。

2. 在袋子里种植物：也就是说，袋子不仅适合购物，还能够用来种植物。手提袋的提手当挂扣（用来悬挂）。重要提示：袋子底部的通风口一定要保持通畅！

3. 营造空间种植：人们可以将植物种在专门的苗圃里，这样的土地本来不适合种植，因为土质太差了。

4. 自由的情况：人们可以将苗圃箱下方的轮子拧紧用来固定，也可以在需要的时候将箱子推到饭桌底下收起来。

5. 3 个搪瓷盆做一个三层的药草花园：盆底端有洞，在盆的口部边缘钻 3 个孔，然后用链子将 3 个盆连接起来，最后固定链子。

6. 在麻袋里种土豆：土豆是块茎类作物，它在袋子里生长毫无问题。土豆收获后，袋子里的土很容易变平坦。

7. 人们可以自行购买植物袋子或者自己缝制（比如，用破旧的牛仔裤），也可以将鞋悬挂起来种植物。请注意：每一个小袋子底端都需要保留通风口。

8. 保持倾斜（的角度）：每个人都有一个"正常的"货架，但为什么不把货架斜着贴在墙上呢？不过倾斜的角度也不要太大了……

# 货源

大部分产品都可以在花鸟市场、建材市场、手工艺商店、家具店以及器材店买到。你最好去苗圃、园圃或者花艺中心购买植物。另外，在以下提到的网址中你也可以找到关于产品、网上商店或者经销商的一些基本信息。

## 有意思的博客/网页

www.schneiderin.wordpress.com

www.dawanda.com

www.justsomethingimade.com

www.kuriositaetenladen.com

www.leelahloves.de

www.maggiewang.com

www.pepperworld.de

www.rosentraum.eu

## 都市园艺

www.ackerhelden.de

www.meine-ernte.de

www.o-pflanzt-is.de

www.selbstversorger.de

www.urbanorganicgardener.com

## 植物，种子

www.bingenheimersaatgut.de

www.biogartenversand.de

www.fesaja-versand.de

www.blu-blumen.de

www.keimzeit-saatgut.de

www.kiepenkerl.com

## 小辣椒

www.chili-shop24.de

www.hot-chili-shop.de

## 草本植物

www.kraeuter-des-lebens.de

www.syringa-pflanzen.de

## 水果

www.Eggert-Baumschulen.de

www.baumschule-horstmann.de

www.haeberli-beeren.ch

www.lubera.com

## 西红柿

www.Irinas-Tomaten.de

www.lilatomate.de

www.tolletomaten.de

## 杂物和配件

www.beckmann-kg.de

www.dehner.de

www.design3000.de

www.esschertdesign.de

www.gardengirl.de

www.poetschke.de

www.gartenundgabel.com

www.greenrabbit.co

www.ikea.de

www.kleines-schaf.com

www.madeindesign.de

www.manufactum.de

www.romberg.de

## 肥料、土壤、堆肥以及植物保护

www.compo.de

www.floragard.de

www.gloriagarten.de

www.bioduenger.de

www.celaflor.de

www.windhager.eu

www.wurmhandel.de

www.wurmwelten.de

## 园艺工具

www.felco.de

www.fiskars.de

www.gardena.de

www.wolf-garten.de

## 容器

www.bacsac.com

www.elho.nl

www.emsa.de

www.lechuza.com

www.scheurich.de

# 索引

图书在版编目（CIP）数据

小空间种植 ／（德）埃斯特·赫尔著；祁文丽，杨亚玮译．
—南京：译林出版社，2018.5
ISBN 978-7-5447-7296-9

I.①小… II.①埃… ②祁… ③杨… III.①观赏园艺 IV.①S68

中国版本图书馆 CIP 数据核字（2018）第 035224 号

著作权合同登记号　图字：10-2016-560 号

小空间种植〔德国〕埃斯特·赫尔 ／著　祁文丽　杨亚玮 ／译

责任编辑　陆元昶
特约编辑　时音菠
装帧设计　灵动视线
校　　对　刘文硕
责任印制　贺　伟

原文出版　GRÄFE UND UNZER, 2014
出版发行　译林出版社
地　　址　南京市湖南路 1 号 A 楼
邮　　箱　yilin@yilin.com
网　　址　www.yilin.com
市场热线　010-85376701
排　　版　灵动视线
印　　刷　北京旭丰源印刷技术有限公司
开　　本　710 毫米 ×1000 毫米　1/16
印　　张　7.5
版　　次　2018 年 5 月第 1 版　2018 年 5 月第 1 次印刷
书　　号　ISBN 978-7-5447-7296-9
定　　价　46.80 元